die Buchreihe
zur website

mathetreff-online

www.mathetreff-online.de

Dreieckskonstruktionen

einfach erklärt

AF144934

Dieses Buch gehört:

_____

2. Auflage: 06.01.15

ISBN: 9783734735981

Herstellung und Verlag: Books on Demand GmbH, Norderstedt

Inhaltsverzeichnis

Vorwort

Hallo,

Sersheim, im Januar 2015

vielen Dank für deinen Kauf dieses Buches.

Mit dem ersten eigenen Buch geht das mathetreff-online-Team einen Schritt weiter und kombiniert das Lernen online und offline zu einem Gesamtpaket. Angefangen als Hobby zweier Realschüler im Großraum Stuttgart, wurde aus der „kleinen Homepage" bis heute ein wachsendes Portal – eine „feste Größe" innerhalb der Nische „Mathe lernen im Internet".

Die Website wurde damals im Jahr 2000 ins Leben gerufen, um den oft trockenen Lernstoff des Faches Mathematik für unsere Mitschüler und uns selbst aufzubereiten. Eben nur auf moderne Art und Weise, gemixt mit einer ordentlichen Portion Spaß. Auch wenn wir mittlerweile keine Schüler mehr sind und fest im (nicht akademischen) Berufsleben stehen, hat sich an diesem Grundgedanken nichts geändert.

Anhand der vielen Feedbacks versuchen wir ständig, die Website an die Bedürfnisse unserer Besucher anzupassen. Mehr über die Website findest du am Ende dieses Buches. Auch für dieses Buch wünschen wir uns konstruktive Rückmeldungen. Über die Positiven freuen wir uns natürlich besonders ☺!

Du erreichst uns per E-Mail (**buch@mathetreff-online.de**), über Facebook (**www.facebook.com/mathetreffonline**), über Twitter (**@mathetreffonlin**) (das „e" am Ende von „mathetreffonline" wollte Twitter nicht hergeben ☺).

Wenn dir dieses Buch besonders gut gefällt, empfehle es doch deinen Freunden, Eltern, Großeltern, deinen Lehrern oder auch dem Gemüsehändler deines Vertrauens weiter ☺! Falls du in den sozialen Netzwerken aktiv bist, like uns doch auf Facebook und/oder folge uns auf Twitter.

Viel Spaß mit dem Buch wünschen dir die Gründer von mathetreff-online

Philipp „Phil" Schrenk und Christian „Chris" Hensel

2. Mathematische Konstruktionen

Eine Konstruktion ist eine Art Bauplan für verschiedene Objekte. Im Alltag werden Konstruktionen z. B. von Architekten benutzt, wenn ein Haus oder eine Brücke geplant werden soll. Dabei wird auf einem Blatt Papier oder auch am Computer das spätere Objekt gezeichnet.

In der Geometrie versteht man unter einer Konstruktion die exakte zeichnerische Darstellung einer Figur mittels vorgegebener Größen. Dies können zum Beispiel Winkel oder Strecken sein.

Früher durfte zum Konstruieren nur ein Lineal, Winkelmesser und Zirkel verwendet werden. Das **Lineal** wurde zum Zeichnen von Geraden verwendet. Es hatte allerdings keine Maßangaben, mit der du die Länge hättest abmessen können. Du konntest damit nur gerade Linien ziehen. Der **Winkelmesser** wurde zum Einzeichnen von Winkeln benötigt. Er bestand aus einem halbkreisförmigen Stück Holz oder Metall, auf dem die einzelnen Gradzahlen aufgedruckt waren. Der **Zirkel** wurde nicht nur zum Zeichnen von Kreisen verwendet. Er ersetzte auch die Maßangaben auf dem Lineal. Auf dem Konstruktionspapier war am Rand eine Art Maßband aufgedruckt. Die einzelnen Längen wurden mit dem Zirkel an diesem Maßband abgegriffen und dann durch Zeichnen des Kreisbogens auf dem Papier abgemessen.

Inzwischen wurden die Regeln für die geometrischen Konstruktionen in den Schulen gelockert. In den meisten Fällen darfst du das Geodreieck benutzen, um die erste Seite einzuzeichnen. In unseren Lösungen sind wir streng nach Vorschrift vorgegangen und haben die erste Seite mithilfe des Zirkels konstruiert. Wenn du lieber die Seite mit dem Geodreieck einzeichnen willst, so kannst du die ersten Schritte überspringen und gleich mit dem 3. Schritt starten.

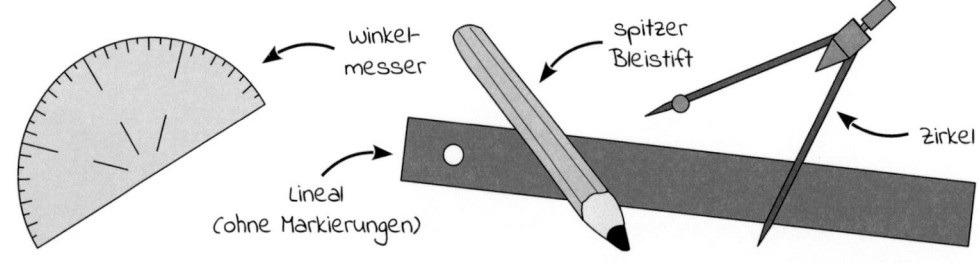

winkel-messer

spitzer Bleistift

Zirkel

Lineal (ohne Markierungen)

3. Das Dreieck

Ein Dreieck ist eine mathematische Fläche, die durch 3 Seiten und 3 Eckpunkte begrenzt wird.

Eigenschaften eines Dreiecks:

- Keine der drei **Seiten** ist parallel zu einer anderen Seite. Die Seiten sind immer nach dem gegenüberliegenden Eckpunkt benannt und mit einem Kleinbuchstaben bezeichnet. Die Seite c liegt beispielsweise gegenüber dem Eckpunkt C und stellt meistens die untere Seite des Dreiecks dar.
- Dort, wo zwei Seiten aufeinander treffen, befindet sich ein **Eckpunkt**. Er wird immer mit einem Großbuchstaben bezeichnet. Der Eckpunkt A befindet sich beispielsweise dort, wo die Seite b und c aufeinander treffen und liegt meistens in der linken unteren Ecke des Dreiecks. Der Eckpunkt C stellt meistens die Spitze dar.
- In jedem Eckpunkt befindet sich ein **Winkel**. Alle Winkel ergeben zusammen 180°, das die Winkelsumme in einem Dreieck darstellt (sollte dir einmal ein Winkel fehlen, so kannst du ihn dir leicht berechnen: Addiere die beiden gegebenen Winkel und ziehe das Ergebnis von 180° (Winkelsumme im Dreieck) ab). Die Winkel sind nach griechischen Buchstaben und nach dem Eckpunkt benannt, in dem sie liegen. Der Winkel α (Alpha) liegt im Punkt A, der Winkel β (Beta) liegt im Punkt B und der Winkel γ (Gamma) liegt im Punkt C.

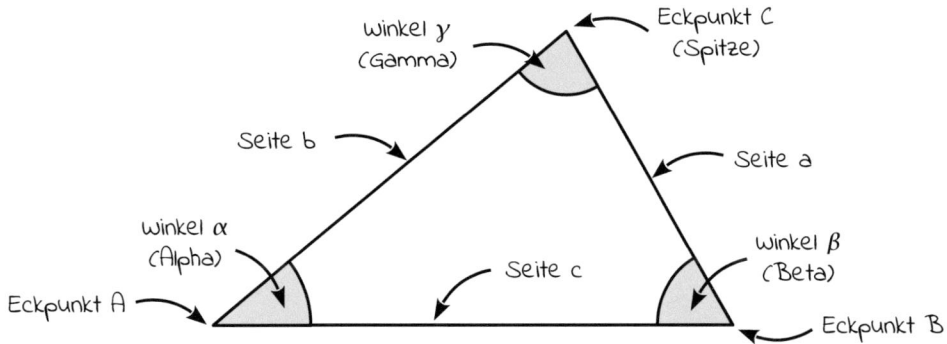

Man unterscheidet in der Geometrie mehrere Arten von Dreiecken:

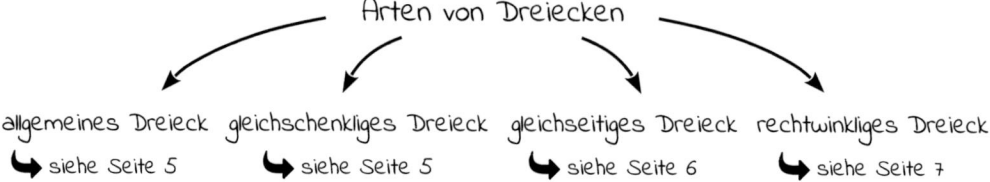

allgemeines Dreieck ↪ siehe Seite 5

gleichschenkliges Dreieck ↪ siehe Seite 5

gleichseitiges Dreieck ↪ siehe Seite 6

rechtwinkliges Dreieck ↪ siehe Seite 7

3.1. Das allgemeine Dreieck

Eigenschaften:
- jede der 3 Seiten (a, b und c) ist unterschiedlich lang
- jeder der 3 Winkel ist unterschiedlich groß und nicht rechtwinklig

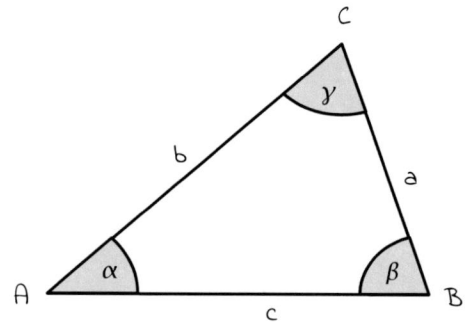

3.2. Das gleichschenklige Dreieck

Eigenschaften:
- 2 Seiten sind jeweils gleich lang (die verbleibende Seite (Basis) ist je nach Dreieck länger oder kürzer als die beiden anderen Seiten)
- 2 Winkel sind gleich groß und nicht rechtwinklig (sie liegen jeweils an der Basis an und werden daher auch als Basiswinkel bezeichnet)

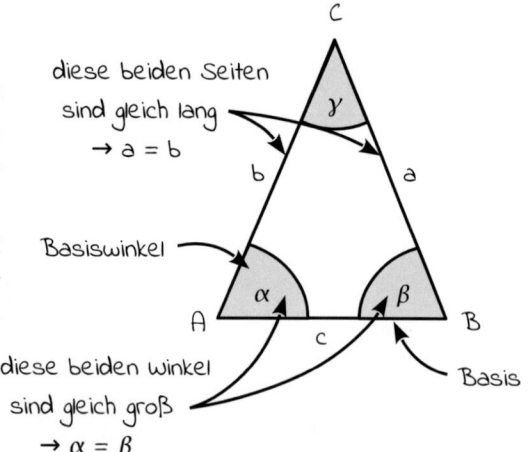

Ein **Sonderfall** des gleichschenkligen Dreiecks ist das gleichschenklige, rechtwinklige Dreieck. Bei diesem Dreieck betragen beide Basiswinkel α (Alpha) und β (Beta) jeweils 45°. Der verbleibende Winkel γ (Gamma) ist somit ein rechter Winkel mit 90°.

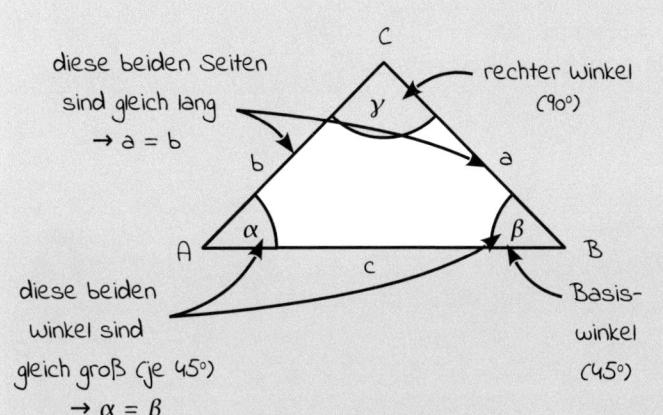

diese beiden Seiten sind gleich lang
→ a = b

rechter Winkel (90°)

diese beiden Winkel sind gleich groß (je 45°)
→ $\alpha = \beta$

Basis-winkel (45°)

3.3. Das gleichseitige Dreieck

Eigenschaften:

- alle Seiten sind jeweils gleich lang
- alle Winkel sind gleich groß und nicht rechtwinklig; da die Winkelsumme in einem Dreieck immer 180° beträgt, ist jeder Winkel (α, β und γ) immer 60° groß (180° : 3 = 60°)

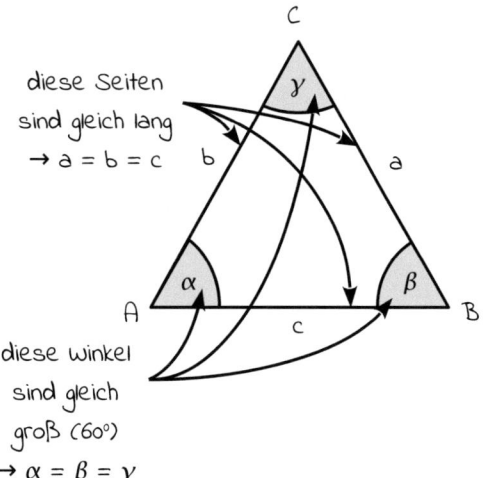

diese Seiten sind gleich lang
→ a = b = c

diese winkel sind gleich groß (60°)
→ $\alpha = \beta = \gamma$

3.4. Das rechtwinklige Dreieck

Eigenschaften:

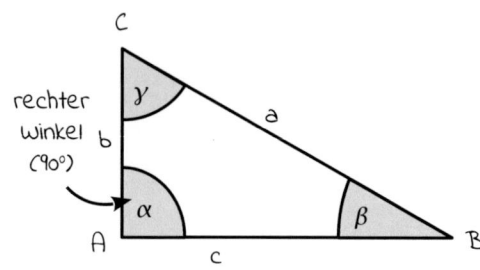

- jede der 3 Seiten (a, b und c) ist unterschiedlich lang
- jeder der 3 Winkel ist unterschiedlich groß; einer von ihnen ist jedoch rechtwinklig (90°)

Ein **Sonderfall** des rechtwinkligen Dreiecks ist das gleichschenklige, rechtwinklige Dreieck. Bei diesem Dreieck beträgt der Winkel γ (Gamma) 90°. Betragen die beiden anderen Winkel α (Alpha) und β (Beta) jeweils 45°, so sind die Seiten a und b gleich lang. Es handelt sich dann bei den Dreieck um ein gleichschenkliges, rechtwinkliges Dreieck.

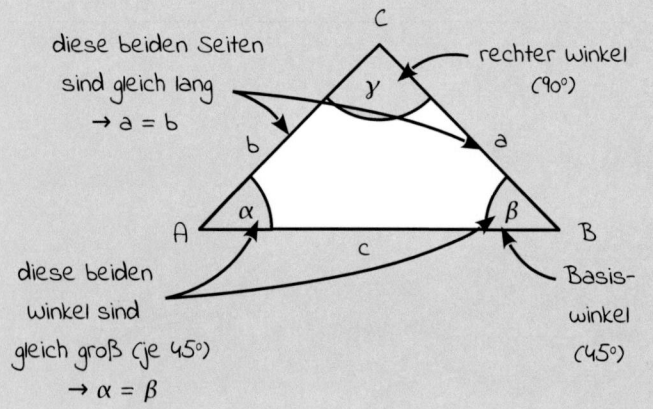

mathetreff-online

4. Die Konstruktion

4.1. Angaben für eine Konstruktion

Damit du überhaupt eine Konstruktion maßhaltig erstellen kannst, benötigst du dazu mindestens **3 Angaben**:

Das benötigst du für eine Konstruktion:	So sieht es aus:
• **3 Seiten** (SSS = <u>S</u>eite a; <u>S</u>eite b und <u>S</u>eite c) → *siehe auch Beispiel 2 auf Seite 21*	
• **2 Seiten** und der von ihnen **eingeschlossene Winkel** (SWS = z. B. <u>S</u>eite b; <u>W</u>inkel α und <u>S</u>eite c) → *siehe auch Beispiel 1 auf Seite 18*	
• **2 Seiten** und der **Gegenwinkel** der längeren Seite (SSW = z. B. <u>S</u>eite b; <u>S</u>eite c und <u>W</u>inkel γ) → *siehe auch Beispiel 5 auf Seite 26*	
• **1 Seite** und die **2 anliegenden Winkel** (WSW = z. B. <u>W</u>inkel α, <u>S</u>eite c und <u>W</u>inkel β) → *siehe auch Beispiel 6 auf Seite 34*	
• **3 Winkel** (WWW = <u>W</u>inkel α, <u>W</u>inkel β und <u>W</u>inkel γ)	

↳ *siehe auch auf die nächste Seite!*

> Wenn du nur alle **3 Winkel** (WWW = <u>W</u>inkel α, <u>W</u>inkel β und <u>W</u>inkel γ) gegeben hast, kannst du das Dreieck generell konstruieren. Da dir aber die Maße der einzelnen Seiten nicht bekannt sind, musst du sie selber festlegen. Somit sieht das Dreieck bei jedem Konstrukteur anders aus.

4.2. Wie konstruierst du was?

Konstruieren bedeutet das exakte zeichnerische Darstellen einer geometrischen Figur nach vorgegebenen Größen. Dabei dürfen in der Regel nur Zirkel und Lineal verwendet werden. Ursprünglich hatte das Lineal dabei keine Markierungen, du konntest damit nur gerade Linien zeichnen, aber nicht abmessen.

4.2.1. So konstruierst du einen Punkt

Jede Konstruktion beginnt immer mit einem Startpunkt. Platziere ihn so, dass du deine spätere Konstruktion noch auf dein Blatt Papier oder Heftseite bekommst. Zum Konstruieren eines Punktes benötigst du nur deinen Bleistift. In Konstruktionen ergeben sich Punkte automatisch, wenn sich zwei oder mehrere Linien bzw. Kreisbögen scheiden.

So konstruierst du einen Punkt:	So sieht es aus:
1. zeichne mit deinem Bleistift einen Punkt	
2. benenne diesen Punkt, z. B. mit A	A ⟶ ●
3. fertig – du hast den Punkt A konstruiert, jetzt kannst du mit deiner Konstruktion starten...	A ●

4.2.2. So konstruierst du eine Seite

Du sollst die Seite c mit einer Länge von 6 cm konstruieren. Zum Konstruieren einer Seite benötigst du deinen Bleistift und deinen Zirkel sowie dein Lineal bzw. Geodreieck. Mit dem Lineal konntest du nur die gerade Linie zeichnen, da es keine Markierungen hatte. Zum Abmessen benötigst du deinen Zirkel. Mit ihm zeichnest du einen Kreisbogen um dem Startpunkt, dessen Radius der Länge der Seite entspricht.

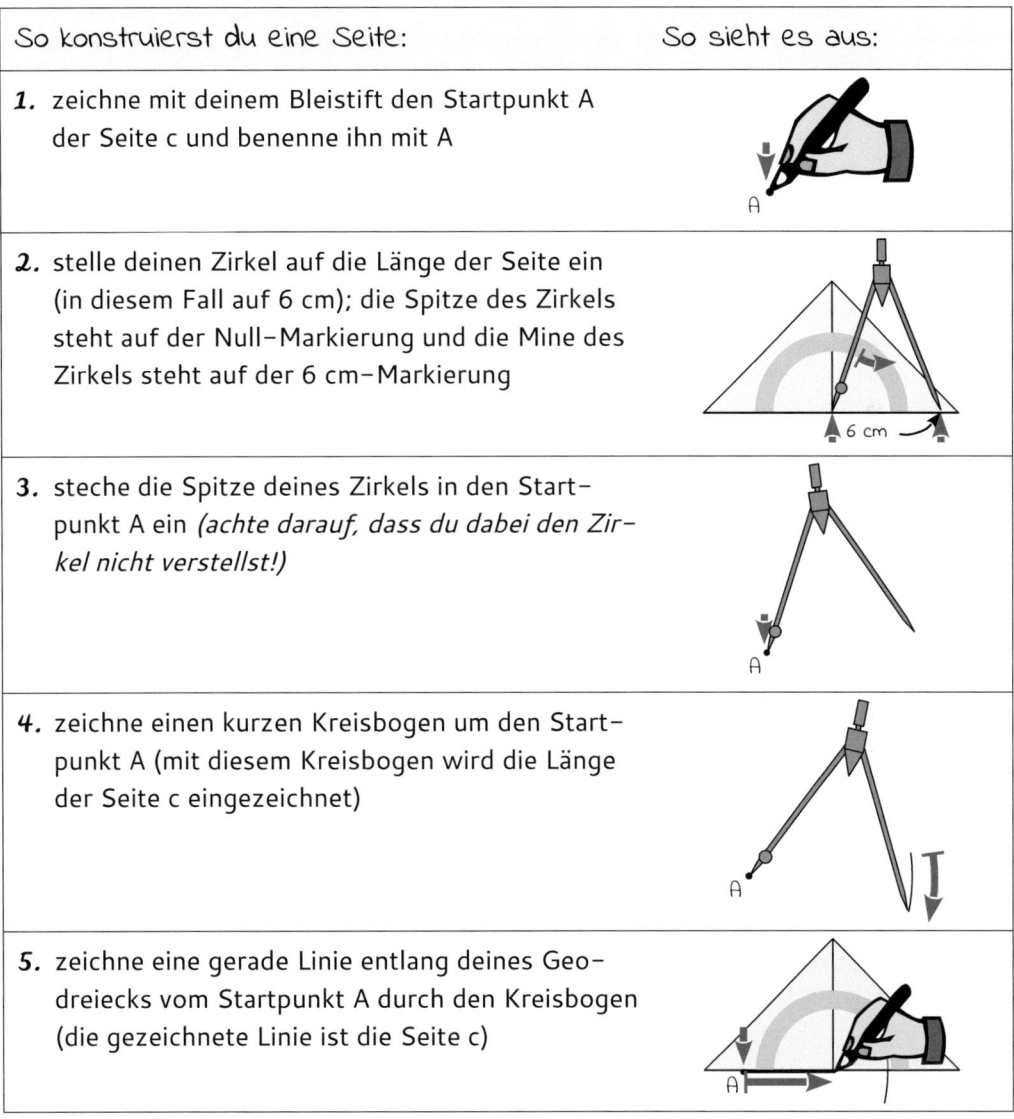

So konstruierst du eine Seite:	So sieht es aus:
1. zeichne mit deinem Bleistift den Startpunkt A der Seite c und benenne ihn mit A	
2. stelle deinen Zirkel auf die Länge der Seite ein (in diesem Fall auf 6 cm); die Spitze des Zirkels steht auf der Null-Markierung und die Mine des Zirkels steht auf der 6 cm-Markierung	
3. steche die Spitze deines Zirkels in den Startpunkt A ein *(achte darauf, dass du dabei den Zirkel nicht verstellst!)*	
4. zeichne einen kurzen Kreisbogen um den Startpunkt A (mit diesem Kreisbogen wird die Länge der Seite c eingezeichnet)	
5. zeichne eine gerade Linie entlang deines Geodreiecks vom Startpunkt A durch den Kreisbogen (die gezeichnete Linie ist die Seite c)	

↳ *siehe auch auf die nächste Seite!*

So konstruierst du eine Seite:	So sieht es aus:
6. aus dem Schnittpunkt der Linie und dem Kreisbogen ergibt sich der Endpunkt B	A •————————————— B
7. benenne diese Linie noch mit c	A •——— c ———— B
8. fertig – du hast die Seite c konstruiert	A •——— c ——— B

Du kannst die Seite auch ohne Zirkel konstruieren. Diese Methode entspricht allerdings nicht den Regeln, da die Seite beim Zeichnen direkt abgemessen wird.

So konstruierst du eine Seite (vereinfacht):	So sieht es aus:
1. zeichne mit deinem Bleistift den Startpunkt A der Seite c und benenne ihn mit A	A
2. lege dein Geodreieck mit der Null-Markierung an den Startpunkt A	0 cm A
3. zeichnen nun die Seite c entsprechend der Länge von 6 cm entlang deinem Geodreieck	A ▶ 6 cm
4. dort, wo die Linie endet, befindet sich der Endpunkt B (benenne ihn mit B)	A •————————— B
5. benenne diese Linie mit c	A •——— c —— B
6. fertig – du hast die Seite c konstruiert	A •——— c —— B

4.2.3. So konstruierst du einen Winkel

Du sollst den Winkel α (Alpha) mit einer Größe von 50° konstruieren. Zum Konstruieren eines Winkels benötigst du deinen Bleistift und dein Geodreieck. Es gibt beim Konstruieren zwei unterschiedliche Methoden mit dem gleichen Ergebnis.

Bei der **1. Methode** legst du dein Geodreieck mit der Null-Markierung in das Winkelzentrum. Die Spitze des Geodreiecks zeigt dabei nach unten (zu dir). Drehe es so, bis der erste Schenkel durch die entsprechende Grad-Markierung geht. Zeichne dann den zweiten Schenkel des Winkels entlang dem Geodreieck.

So konstruierst du einen Winkel (Methode 1):	So sieht es aus:
1. zeichne den ersten Schenkel entlang deines Geodreiecks	
2. lege dein Geodreieck (Spitze zeigt nach unten) mit der Null-Markierung in das Winkelzentrum (dort, wo sich später der Winkel befindet)	
3. drehe dein Geodreieck nun so, dass der erste Schenkel durch die 50°-Markierung geht *(achte darauf, dass sich beim Drehen die Null-Markierung nicht verschiebt!)*	
4. zeichne nun den zweiten Schenkel des Winkels entlang dem Geodreieck	
5. benenne den Winkel mit α (Alpha)	
6. fertig – du hast nun den Winkel α konstruiert	

Bei der **2. Methode** musst du dein Geodreieck nicht drehen und die Gefahr dass du es verschiebst ist geringer. Auch hier legst du es zunächst mit der Null-Markierung in das Winkelzentrum. Die Spitze des Geodreiecks zeigt dabei nach oben (weg von dir). Setze nun mit deinem Bleistift am Rand des Geodreiecks bei der entsprechenden Grad-Markierung einen Punkt. Anschließend zeichnest du den Schenkel entlang dem Geodreieck vom Winkelzentrum durch den eben gezeichneten Punkt hindurch.

So konstruierst du einen Winkel (Methode 2):	So sieht es aus:
1. zeichne den ersten Schenkel entlang deines Geodreiecks	
2. lege dein Geodreieck (Spitze zeigt nach oben) mit der Null-Markierung in das Winkelzentrum	
3. setze mit dem Bleistift einen Punkt an der 50°-Markierung auf der rechten Seite des Geodreiecks *(achte darauf, dass sich dabei die Null-Markierung nicht verschiebt!)*	
4. zeichne den Schenkel entlang dem Geodreieck vom Winkelzentrum durch den eben gezeichneten Punkt hindurch	
5. benenne den Winkel mit α (Alpha)	
6. fertig – du hast nun den Winkel α konstruiert	

5. Die Konstruktionsanleitung

Eine Konstruktionsanleitung ist eine Sammlung von Anweisungen, die dazu dienen, ein Dreieck zu zeichnen. Sie enthält alle nötigen Schritte, die du brauchst, um eine Konstruktion auszuführen.

5.1. Die Skizze

Zeichne dir zu Beginn eine Dreiecksskizze auf. Das Dreieck muss überhaupt nicht maßstäblich sein oder dem Dreieck entsprechen, das du später konstruierst. Trage dort alle gegebenen Größen ein. So siehst du, was alles gegeben ist und du kannst dir eine Reihenfolge überlegen, wie du das Dreieck am Besten konstruieren kannst.

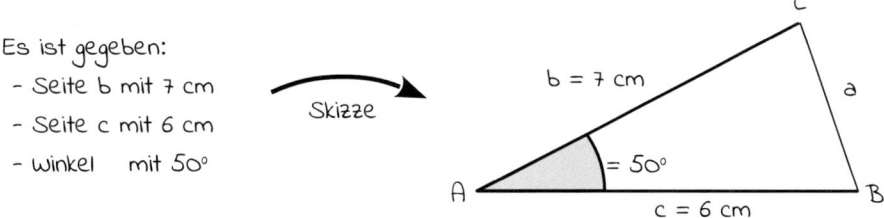

5.2. Die Reihenfolge

Bevor du wild drauf los konstruiert, musst du dir zuerst Gedanken darüber machen, wie du bei deiner Konstruktion am sinnvollsten vorgehst. Dazu ist es am Besten, wenn du dir zu Beginn eine Skizze malst, in der du dir die gegebenen Größen farblich markierst. So siehst du gleich, was du von dem Dreieck schon kennst. Anhand dieser Informationen baust du dir deine Konstruktion auf. Begonnen wird immer mit einem der drei Eckpunkte. Danach zeichnest du die erste Seite. Hast du sie konstruiert, erhältst du automatisch schon den zweiten Eckpunkt. Jetzt ist es abhängig von den gegebenen Größen:

- Hast du noch **einen Winkel** und **eine Seite** gegeben, so konstruiere zuerst den Winkel, dessen Schenkel länger ist als später die eigentliche Seite. Dann konstruierst du die Seite, indem du einen Kreis um das Winkelzentrum zeichnest. An der Stelle, an der sich der Winkelschenkel und der Kreisbogen schneiden, befindet sich der dritte Eckpunkt. Zeichne anschließend die verbleibende Seite ein.
- Hast du noch **zwei Winkel** gegeben, so konstruiere zuerst den einen, dann den anderen Winkel. Dort, wo sich die beiden Winkelschenkel schneiden, befindet sich der dritte Eckpunkt.
- Hast du noch **beide Seiten** gegeben, so konstruierst du zwei Kreisbögen, deren Radius der Länge der Seite entspricht. An deren Schnittpunkt befindet sich der dritte Eckpunkt. Zeichne anschließend die beiden Seiten ein.

5.3. Die Anweisungen der Konstruktionsanleitung

Da Mathematiker von Natur aus eher schreibfaul sind, bestehen die einzelnen Anweisungen nur aus kurzen Angaben und verschiedenen Symbolen, ausführliche Texte existieren nicht. Einige wichtige Anweisungen sind nachfolgend erklärt.

So lautet die Anweisung:	Das musst du tun:
A zeichne den Eckpunkt A	zeichne mit deinem Bleistift einen **Punkt** auf dem Papier (dieser Punkt wird der Eckpunkt A des Dreiecks)
$\odot\,(A;\,r = c)$ zeichne einen Kreisbogen um den Eckpunkt A mit dem Radius c	stelle deinen Zirkel auf den Radius ein, steche die Spitze in den Eckpunkt A ein und zeichne nun den **Kreisbogen** um den Eckpunkt A
$\sphericalangle \alpha$ in A zeichne Winkel Alpha (α) in den Eckpunkt A	lege dein Geodreieck mit der Null-Markierung in den Eckpunkt A und drehe dein Geodreieck so, dass der erste Schenkel durch die entsprechende Grad-Markierung geht; zeichne den zweiten Schenkel des **Winkels** entlang dem Geodreieck

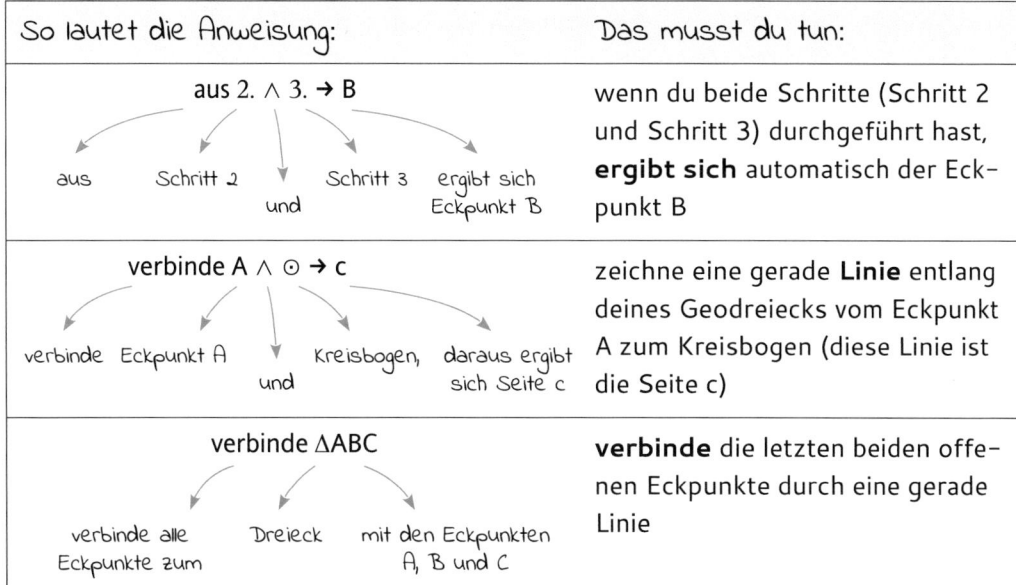

So lautet die Anweisung:	Das musst du tun:
aus 2. ∧ 3. → B aus Schritt 2 und Schritt 3 ergibt sich Eckpunkt B	wenn du beide Schritte (Schritt 2 und Schritt 3) durchgeführt hast, **ergibt sich** automatisch der Eckpunkt B
verbinde A ∧ ⊙ → c verbinde Eckpunkt A und Kreisbogen, daraus ergibt sich Seite c	zeichne eine gerade **Linie** entlang deines Geodreiecks vom Eckpunkt A zum Kreisbogen (diese Linie ist die Seite c)
verbinde △ABC verbinde alle Eckpunkte zum Dreieck mit den Eckpunkten A, B und C	**verbinde** die letzten beiden offenen Eckpunkte durch eine gerade Linie

5.4. ...und los geht's!

Nach dem du dir die gegebenen Größen markiert und dir eine Reihenfolge überlegt hast, geht es nun an die Konstruktion des Dreiecks. Lege dir dazu ein leeres Blatt Papier, deinen Bleistift, deinen Zirkel und dein Geodreieck bereit. Starte mit dem ersten Punkt deiner Reihenfolge und arbeite dich so Punkt für Punkt bis zum fertigen Dreieck durch.

Platziere den ersten Eckpunkt so, dass du deine Konstruktion noch gut auf dein Blatt Papier oder Heftseite bekommst.

Führe deine Konstruktionen immer sauber aus! Benutze dazu einen spitzen Bleistift (am Besten einen Feinminenbleistift) und ein intaktes Geodreieck mit sauberen Seiten und Ecken!

Beispiele für Konstruktionen

Nachfolgend zeigen wir dir ausführlich einige Konstruktionen von Dreiecken. Jede Konstruktion besteht aus einer Skizze und einer bebilderten Konstruktionsanleitung, die die einzelnen Schritte mit einer Beschreibung enthält. So kannst du leicht jede Konstruktion selber nachmachen und üben.

Beispiel 1: allgemeines Dreieck (SWS)

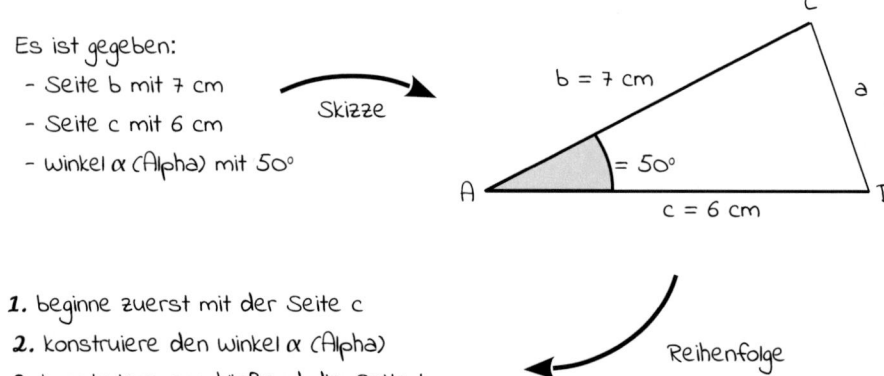

Es ist gegeben:

- Seite b mit 7 cm

- Seite c mit 6 cm

- Winkel α (Alpha) mit 50°

Skizze

1. beginne zuerst mit der Seite c

2. konstruiere den Winkel α (Alpha)

3. konstruiere anschließend die Seite b

4. verbinde alles zu einem Dreieck

Reihenfolge

ausführliche Konstruktionsanleitung:

Das musst du tun	So sieht es aus
1. A zeichne den Eckpunkt A • *zeichne mit deinem Bleistift einen Punkt auf dem Papier (dieser Punkt wird der Eckpunkt A)*	A

Das musst du tun	So sieht es aus

2. ⊙ (A; r = c)

zeichne mit dem Zirkel einen Kreisbogen um den Eckpunkt A mit dem Radius c von 6 cm

- *stelle deinen Zirkel auf 6 cm ein*
- *steche die Spitze in den Eckpunkt A ein*
- *zeichne den Kreisbogen um den Eckpunkt A (damit wird die Länge der Seite c abgemessen)*

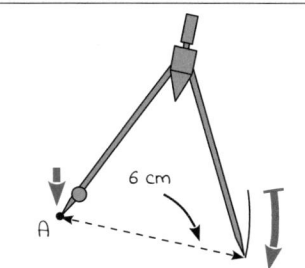

3. verbinde A ∧ ⊙ → c

verbinde den Eckpunkt A mit dem Kreisbogen, daraus ergibt sich die Seite c

- *zeichne eine gerade Linie entlang deines Geo-dreiecks vom Eckpunkt A zum Kreisbogen (die gezeichnete Linie ist die Seite c)*

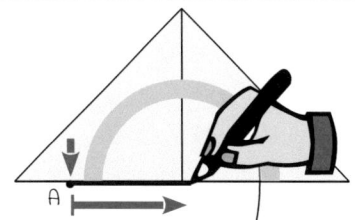

4. aus 2. ∧ 3. → B

aus dem Schnittpunkt des Kreisbogens (Schritt 2) und der Linie (Schritt 3) ergibt sich der Eck-punkt B

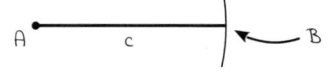

5. ∢α in A

zeichne den Winkel α (Alpha) mit 50° in den Eck-punkt A

- *lege dein Geodreieck mit der Null-Markierung in den Eckpunkt A*
- *drehe es so, dass die Seite c durch die 50°-Markierung geht*
- *zeichne den zweiten Schenkel des Winkels entlang dem Geodreieck (messe ihn dabei nicht mit dem Geodreieck ab!)*

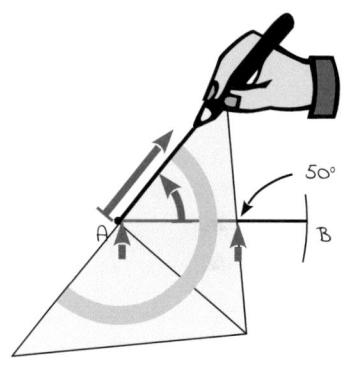

↳ *siehe auch auf die nächste Seite!*

Das musst du tun	So sieht es aus
6. ⊙ (A; r = b) → b zeichne einen Kreisbogen um den Eckpunkt A mit dem Radius b von 7 cm, das ergibt die Seite b • *stelle deinen Zirkel auf 7 cm ein* • *steche die Spitze in den Eckpunkt A ein* • *zeichne den Kreisbogen um den Eckpunkt A (damit wird die Länge der Seite b abgemessen)*	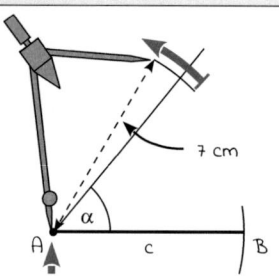
7. aus 5. ∧ 6. → C aus dem Schnittpunkt des Winkelschenkels (Schritt 5) und dem Kreisbogen (Schritt 6) ergibt sich der Eckpunkt C	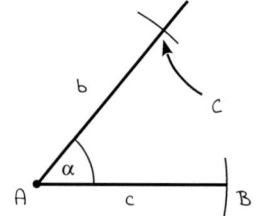
8. verbinde △ABC verbinde alle Eckpunkte zum Dreieck ABC • *zeichne eine gerade Linie vom Eckpunkt C zum Eckpunkt B (Seite a)*	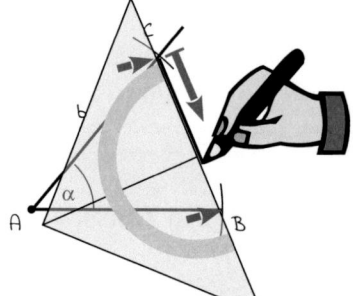
9. fertig – du hast soeben ein allgemeines Dreieck konstruiert	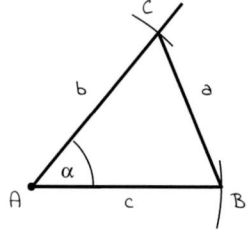

Beispiel 2: allgemeines Dreieck (SSS)

Es ist gegeben:
- Seite a mit 3 cm
- Seite b mit 4 cm
- Seite c mit 5 cm

Skizze

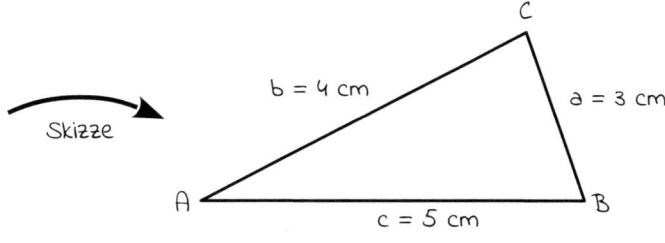

1. beginne zuerst mit der Seite c
2. konstruiere die Seite b
3. konstruiere anschließend die Seite a
4. verbinde alles zu einem Dreieck

Reihenfolge

ausführliche Konstruktionsanleitung:

Das musst du tun:	So sieht es aus:
1. A zeichne den Eckpunkt A • *zeichne mit deinem Bleistift einen Punkt auf dem Papier (dieser Punkt wird der Eckpunkt A)*	A
2. $\odot$ (A; r = c) zeichne mit dem Zirkel einen Kreisbogen um den Eckpunkt A mit dem Radius c von 5 cm • *stelle deinen Zirkel auf 5 cm ein* • *steche die Spitze in den Eckpunkt A ein* • *zeichne den Kreisbogen um den Eckpunkt A (damit wird die Länge der Seite c abgemessen)*	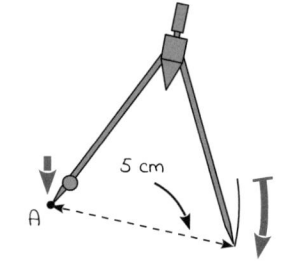
3. verbinde A $\wedge$ $\odot$ → c verbinde den Eckpunkt A mit dem Kreisbogen, daraus ergibt sich die Seite c • *zeichne eine gerade Linie entlang deines Geodreiecks vom Eckpunkt A zum Kreisbogen (die gezeichnete Linie ist die Seite c)*	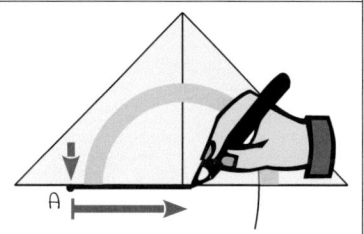

↪ siehe auch auf die nächste Seite!

Das musst du tun:	So sieht es aus:
4. aus 2. ∧ 3. → B aus dem Schnittpunkt des Kreisbogens (Schritt 2) und der Linie (Schritt 3) ergibt sich der Eckpunkt B	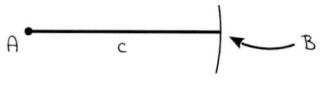
5. ⊙ (A; r = b) zeichne einen Kreisbogen um den Eckpunkt A mit dem Radius b von 4 cm • *stelle deinen Zirkel auf 4 cm ein* • *steche die Spitze in den Eckpunkt A ein* • *zeichne den Kreisbogen um den Eckpunkt A (damit wird die Länge der Seite b abgemessen)*	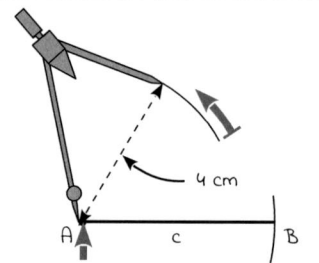
6. ⊙ (B; r = a) zeichne einen Kreisbogen um den Eckpunkt B mit dem Radius a von 3 cm • *stelle deinen Zirkel auf 3 cm ein* • *steche die Spitze in den Eckpunkt B ein* • *zeichne den Kreisbogen um den Eckpunkt B (damit wird die Länge der Seite a abgemessen)*	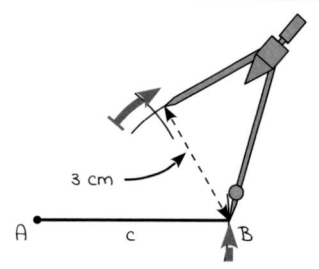
7. aus 5. und 6. → C aus dem Schnittpunkt der beiden Kreisbögen (Schritt 5 und 6) ergibt sich der Eckpunkt C	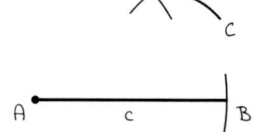
8. verbinde ΔABC verbinde alle Eckpunkte zum Dreieck ABC • *verbinde den Eckpunkt A mit dem Eckpunkt C durch eine gerade Linie (Seite b)...*	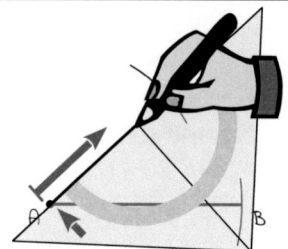

Das musst du tun:	So sieht es aus:
• ...und zum Schluss den Eckpunkt C mit dem Eckpunkt B ebenfalls durch eine gerade Linie (Seite a)	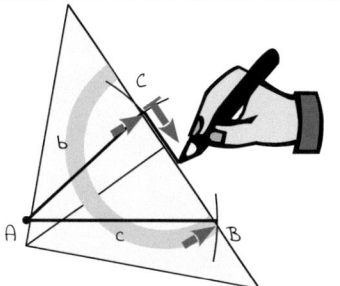
9. fertig – du hast soeben ein allgemeines Dreieck konstruiert	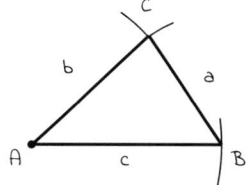

Beispiel 3: allgemeines Dreieck (SWS)

Es ist gegeben:
- Seite a mit 5 cm
- Seite c mit 8 cm
- Winkel β (Alpha) mit 120°

Skizze

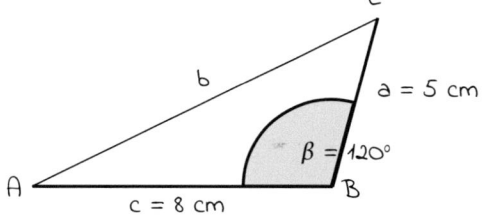

1. beginne zuerst mit der Seite c
2. konstruiere den Winkel β (Beta)
3. konstruiere anschließend die Seite a
4. verbinde alles zu einem Dreieck

Reihenfolge

ausführliche Konstruktionsanleitung:

Das musst du tun:	So sieht es aus:
1. A zeichne den Eckpunkt A • *zeichne mit deinem Bleistift einen Punkt auf dem Papier (dieser Punkt wird der Eckpunkt A)*	
2. $\odot$ (A; r = c) zeichne mit dem Zirkel einen Kreisbogen um den Eckpunkt A mit dem Radius c von 8 cm • *stelle deinen Zirkel auf 8 cm ein* • *steche die Spitze in den Eckpunkt A ein* • *zeichne den Kreisbogen um den Eckpunkt A (damit wird die Länge der Seite c abgemessen)*	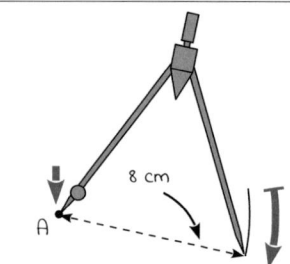
3. verbinde A $\wedge$ $\odot$ $\rightarrow$ c verbinde den Eckpunkt A mit dem Kreisbogen, daraus ergibt sich die Seite c • *zeichne eine gerade Linie entlang deines Geodreiecks vom Eckpunkt A zum Kreisbogen (die gezeichnete Linie ist die Seite c)*	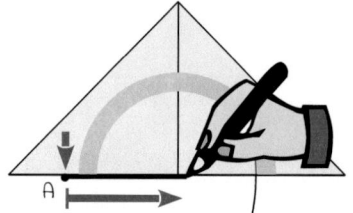
4. aus 2. $\wedge$ 3. $\rightarrow$ B aus dem Schnittpunkt des Kreisbogens (Schritt 2) und der Linie (Schritt 3) ergibt sich der Eckpunkt B	
5. $\sphericalangle \beta$ in B zeichne den Winkel β (Beta) mit 120° in den Eckpunkt B • *lege dazu dein Geodreieck mit der Null-Markierung in den Eckpunkt B* • *markiere mit dem Stift die 120° auf der rechten Seite des Geodreiecks*	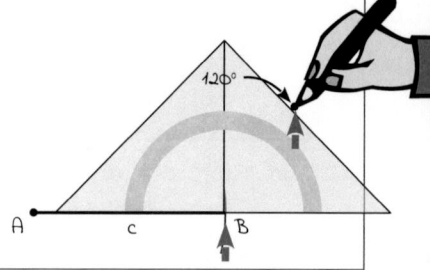

Das musst du tun:	So sieht es aus:
• zeichne den Schenkel entlang dem Geodreieck vom Eckpunkt B durch den eben gezeichneten Punkt hindurch (messe den Schenkel nicht mit dem Geodreieck ab!)	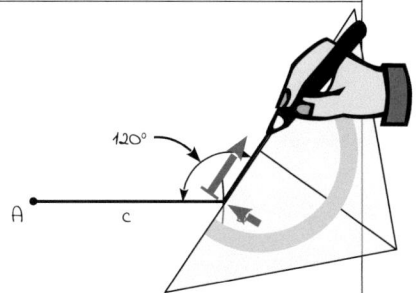
6. ⊙ (B; r = a) → a zeichne einen Kreisbogen um den Eckpunkt B mit dem Radius a von 5 cm, das ergibt Seite a • stelle deinen Zirkel auf 5 cm ein • steche die Spitze in den Eckpunkt B ein • zeichne den Kreisbogen um den Eckpunkt B (damit wird die Länge der Seite a abgemessen)	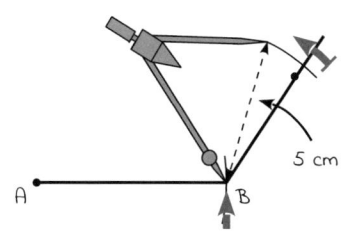
7. aus 5. ∧ 6. → C aus dem Schnittpunkt des Schenkels (Schritt 5) und des Kreisbogens (Schritt 6) ergibt sich der Eckpunkt C	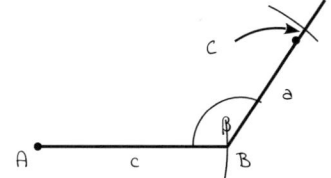
8. verbinde △ABC verbinde alle Eckpunkte zum Dreieck ABC • verbinde den Eckpunkt A mit dem Eckpunkt C durch eine gerade Linie (Seite b)	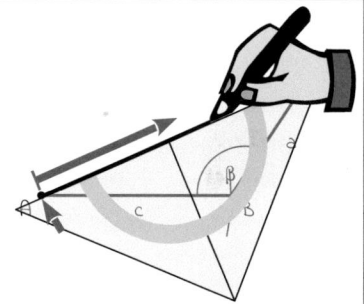
9. fertig – du hast soeben ein allgemeines Dreieck konstruiert	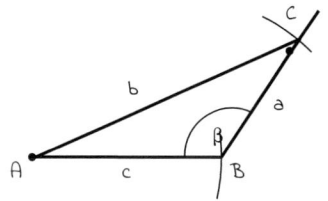

Beispiel 4: allgemeines Dreieck (SSW)

Es ist gegeben:

- Seite b mit 7 cm
- Seite c mit 10 cm
- Winkel γ (Gamma) mit 80°

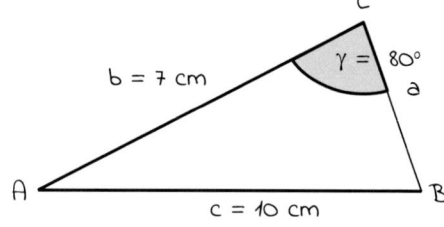

Skizze

1. beginne zuerst mit der Seite b
2. konstruiere den Winkel γ (Gamma)
3. konstruiere anschließend die Seite c
4. verbinde alles zu einem Dreieck

Reihenfolge

ausführliche Konstruktionsanleitung:

Das musst du tun:	So sieht es aus:
1. A zeichne den Eckpunkt A • *zeichne mit deinem Bleistift einen Punkt auf dem Papier (dieser Punkt wird der Eckpunkt A)*	
2. ⊙ (A; r = b) zeichne mit dem Zirkel einen Kreisbogen um den Eckpunkt A mit dem Radius b von 7 cm • *stelle deinen Zirkel auf 7 cm ein* • *steche die Spitze in den Eckpunkt A ein* • *zeichne den Kreisbogen um den Eckpunkt A (damit wird die Länge der Seite b abgemessen)*	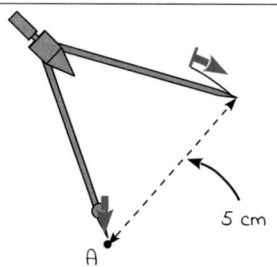

Das musst du tun:	So sieht es aus:

3. verbinde A ∧ ⊙ → b

verbinde den Eckpunkt A mit dem Kreisbogen, daraus ergibt sich die Seite b

- *zeichne eine gerade Linie entlang deines Geo-dreiecks vom Eckpunkt A zum Kreisbogen (die gezeichnete Linie ist die Seite b)*

4. aus 2. ∧ 3. → C

aus dem Schnittpunkt des Kreisbogens (Schritt 2) und der Linie (Schritt 3) gibt sich der Eck-punkt C

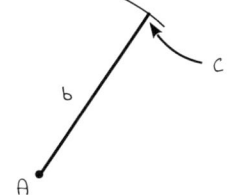

5. ∢γ in C

zeichne den Winkel γ (Gamma) mit 80° in den Eckpunkt C

- *lege dein Geodreieck mit der Null-Markierung in den Eckpunkt C*
- *drehe dein Geodreieck nun so, dass die Seite b durch die 80°-Markierung geht (achte darauf, dass sich beim Drehen die Null-Markierung nicht verschiebt!)*
- *zeichne den zweiten Schenkel des Winkels entlang dem Geodreieck*

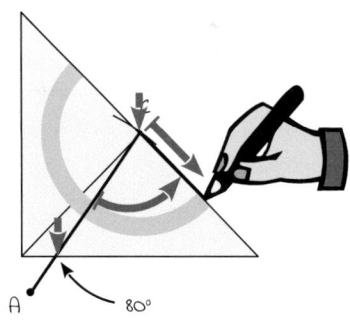

6. ⊙ (A; r = c) → a

zeichne einen Kreisbogen um den Eckpunkt A mit dem Radius c von 10 cm, das ergibt Seite a

- *stelle deinen Zirkel auf 10 cm ein*
- *steche die Spitze in den Eckpunkt A ein*
- *zeichne den Kreisbogen um den Eckpunkt A (damit wird die Länge der Seite c abgemessen)*

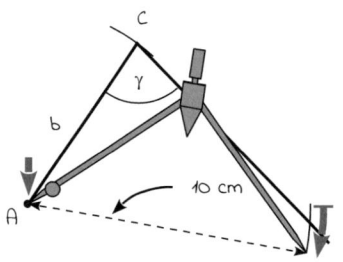

↳ *siehe auch auf die nächste Seite!*

Das musst du tun:	So sieht es aus:

7. aus 5. ∧ 6. → B

aus dem Schnittpunkt des Schenkels (Schritt 5) und dem Kreisbogen (Schritt 6) ergibt sich der Eckpunkt B

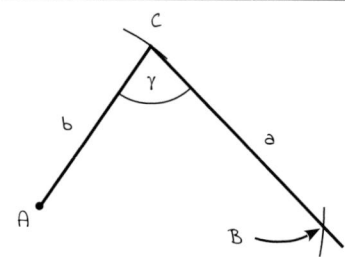

8. verbinde ∆ABC

verbinde alle Eckpunkte zum Dreieck ABC

- *verbinde den Eckpunkt A mit dem Eckpunkt B durch eine gerade Linie (Seite c)*

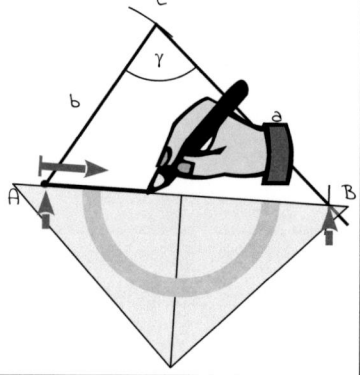

9. fertig – du hast soeben ein allgemeines Dreieck konstruiert

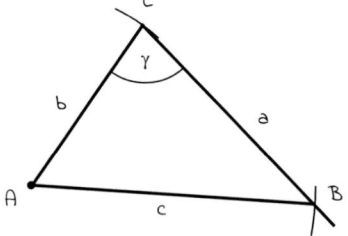

Beispiel 5: gleichschenkliges Dreieck (SSS)

Es ist gegeben:
- Seite a mit 6 cm
- Seite b mit 6 cm
- Seite c mit 7 cm

Skizze

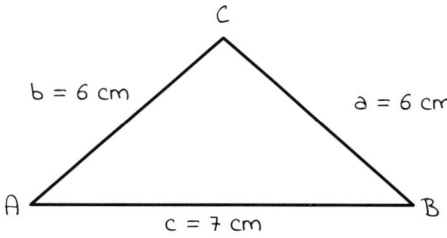

1. beginne zuerst mit der Seite c
2. konstruiere die Seite b
3. konstruiere anschließend die Seite a
4. verbinde alles zu einem Dreieck

Reihenfolge

ausführliche Konstruktionsanleitung:

Das musst du tun:	So sieht es aus:
1. A zeichne den Eckpunkt A • *zeichne mit deinem Bleistift einen Punkt auf dem Papier (dieser Punkt wird der Eckpunkt A)*	
2. ⊙ (A; r = c) zeichne mit dem Zirkel einen Kreisbogen um den Eckpunkt A mit dem Radius c von 7 cm • *stelle deinen Zirkel auf 7 cm ein* • *steche die Spitze in den Eckpunkt A ein* • *zeichne den Kreisbogen um den Eckpunkt A (damit wird die Länge der Seite c abgemessen)*	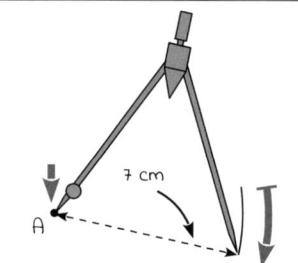
3. verbinde A ∧ ⊙ → c verbinde den Eckpunkt A mit dem Kreisbogen, daraus ergibt sich die Seite c • *zeichne eine gerade Linie entlang deines Geo-dreiecks vom Eckpunkt A zum Kreisbogen (die gezeichnete Linie ist die Seite c)*	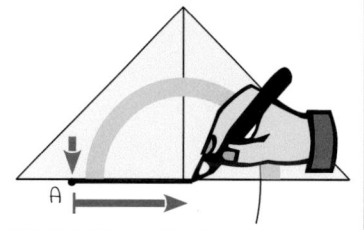

↳ *siehe auch auf die nächste Seite!*

Das musst du tun:	So sieht es aus:
4. aus 2. ∧ 3. → B aus dem Schnittpunkt des Kreisbogens (Schritt 2) und der Linie (Schritt 3) ergibt sich der Eckpunkt B	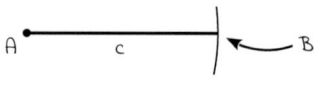
5. ⊙ (A; r = b) zeichne einen Kreisbogen um den Eckpunkt A mit dem Radius b von 6 cm • *stelle deinen Zirkel auf 6 cm ein* • *steche die Spitze in den Eckpunkt A ein* • *zeichne den Kreisbogen um den Eckpunkt A (damit wird die Länge der Seite b abgemessen)*	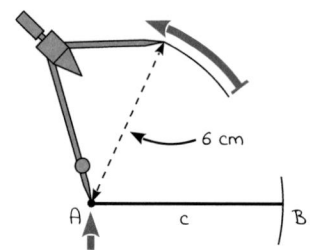
6. ⊙ (B; r = a) zeichne einen Kreisbogen um den Eckpunkt B mit dem Radius a von 6 cm • *lasse deinen Zirkel so eingestellt, wie er ist* • *steche die Spitze in den Eckpunkt B ein* • *zeichne den Kreisbogen um den Eckpunkt B (damit wird die Länge der Seite a abgemessen)*	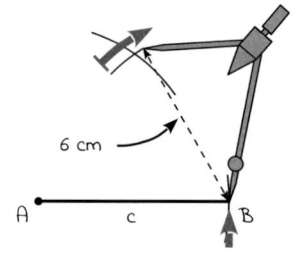 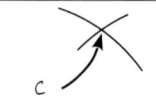
7. aus 5. ∧ 6. → C aus dem Schnittpunkt der beiden Kreisbögen (Schritt 5 und Schritt 6) ergibt sich der Eckpunkt C	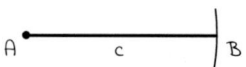
8. verbinde △ABC verbinde alle Eckpunkte zum Dreieck ABC • *verbinde zuerst den Eckpunkt A mit dem Eckpunkt C durch eine gerade Linie (Seite b)...*	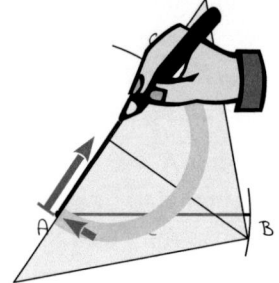

Das musst du tun:	So sieht es aus:
• ...und anschließend noch den Eckpunkt C mit dem Eckpunkt B durch eine gerade Linie (Seite a)	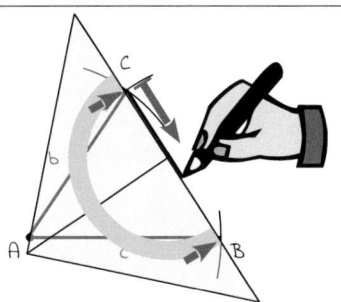
9. fertig – du hast soeben ein gleichschenkliges Dreieck konstruiert	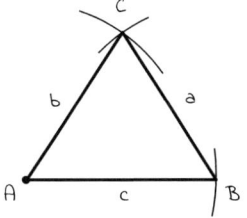

Beispiel 6: gleichseitiges Dreieck (SSS)

Es ist gegeben:
- Seite a mit 6 cm
- Seite b mit 6 cm
- Seite c mit 6 cm

Skizze

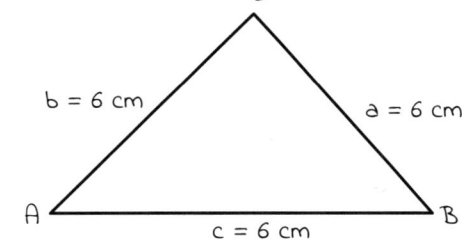

1. beginne zuerst mit der Seite c
2. konstruiere die Seite a
3. verbinde alles zu einem Dreieck

Reihenfolge

ausführliche Konstruktionsanleitung:

Das musst du tun:	So sieht es aus:
1. A zeichne den Eckpunkt A • *zeichne mit deinem Bleistift einen Punkt auf dem Papier (dieser Punkt wird der Eckpunkt A)*	
2. ⊙ (A; r = c) zeichne mit dem Zirkel einen Kreisbogen um den Eckpunkt A mit dem Radius c von 6 cm • *stelle deinen Zirkel auf 6 cm ein* • *steche die Spitze in den Eckpunkt A ein* • *zeichne einen großen Kreisbogen um den Eckpunkt A (auf diesem Kreisbogen liegen später die Eckpunkte B und C)*	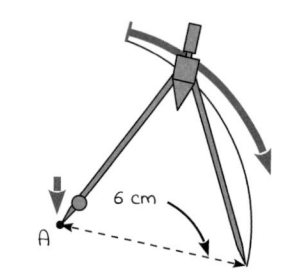
3. verbinde A ∧ ⊙ → c verbinde den Eckpunkt A mit dem Kreisbogen, daraus ergibt sich die Seite c • *zeichne eine gerade Linie entlang deines Geodreiecks vom Eckpunkt A zum Kreisbogen (die gezeichnete Linie ist die Seite c)*	
4. aus 2. ∧ 3. → B aus dem Schnittpunkt des Kreisbogens (Schritt 2) und der Linie (Schritt 3) ergibt sich der Eckpunkt B	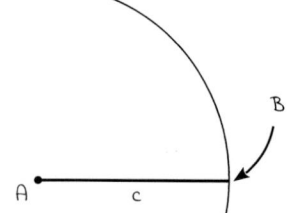
5. ⊙ (B; r = a) zeichne einen Kreisbogen um den Eckpunkt B mit dem Radius a von 6 cm • *lasse deinen Zirkel so eingestellt, wie er ist* • *steche die Spitze in den Eckpunkt B ein* • *zeichne den Kreisbogen um den Eckpunkt B (damit wird die Länge der Seite a abgemessen)*	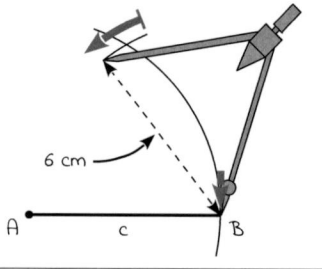

Das musst du tun:	So sieht es aus:
6. aus 2. ∧ 5. → C aus dem Schnittpunkt der beiden Kreisbögen (Schritt 2 und 5) ergibt sich der Eckpunkt C	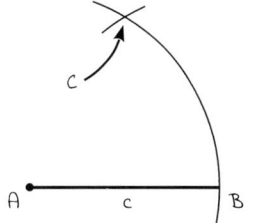
7. verbinde △ABC verbinde alle Eckpunkte zum Dreieck ABC • *verbinde den Eckpunkt A mit dem Eckpunkt C durch eine gerade Linie (Seite b)...*	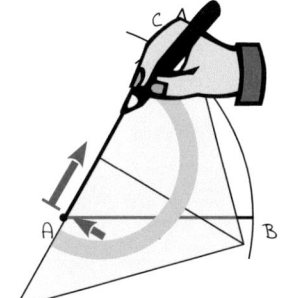
• *...und zum Schluss den Eckpunkt C mit dem Eckpunkt B ebenfalls durch eine gerade Linie (Seite a)*	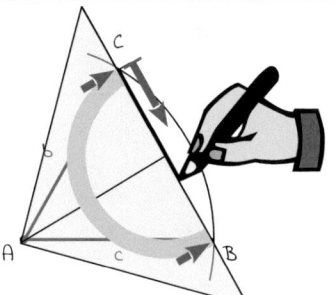
8. fertig – du hast soeben ein gleichseitiges Dreieck konstruiert	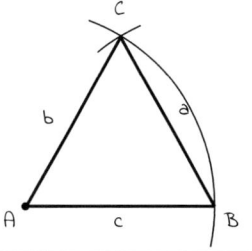

Beispiel 7: rechtwinkliges Dreieck (WSW)

Es ist gegeben:
- Seite c mit 6 cm
- Winkel α (Alpha) mit 40°
- Winkel β (Beta) mit 50°

Skizze

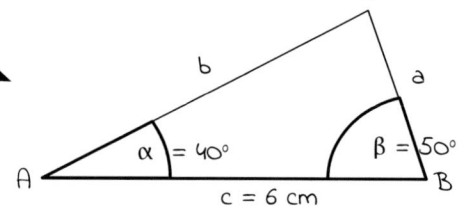

1. beginne zuerst mit der Seite c
2. konstruiere den Winkel α (Alpha)
3. konstruiere anschließend den Winkel β (Beta)

Reihenfolge

ausführliche Konstruktionsanleitung:

Das musst du tun:	So sieht es aus:
1. A zeichne den Eckpunkt A • *zeichne mit deinem Bleistift einen Punkt auf dem Papier (dieser Punkt wird der Eckpunkt A)*	
2. ⊙ (A; r = c) zeichne mit dem Zirkel einen Kreisbogen um den Eckpunkt A mit dem Radius c von 6 cm • *stelle deinen Zirkel auf 6 cm ein* • *steche die Spitze in den Eckpunkt A ein* • *zeichne den Kreisbogen um den Eckpunkt A (damit wird die Länge der Seite c abgemessen)*	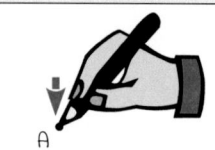
3. verbinde A ∧ ⊙ → c verbinde den Eckpunkt A mit dem Kreisbogen, daraus ergibt sich die Seite c • *zeichne eine gerade Linie entlang deines Geo- dreiecks vom Eckpunkt A zum Kreisbogen (die gezeichnete Linie ist die Seite c).*	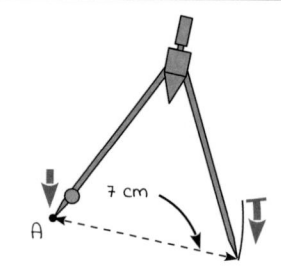

Das musst du tun:	So sieht es aus:

4. aus 2. ∧ 3. → B

aus dem Schnittpunkt des Kreisbogens (Schritt 2) und der Linie (Schritt 3) ergibt sich der Eckpunkt B

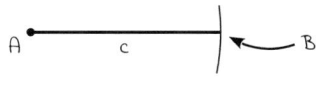

5. ∢α in A

zeichne den Winkel α mit 40° in den Eckpunkt A

- *lege dein Geodreieck mit der Null-Markierung in den Eckpunkt A*
- *drehe dein Geodreieck so, dass die Seite c durch die 40°-Markierung geht*
- *zeichne den zweiten Schenkel des Winkels entlang dem Geodreieck (du darfst den Schenkel nicht mit dem Geodreieck abmessen!)*

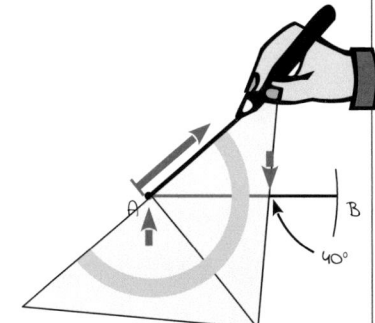

6. ∢β in B

zeichne den Winkel β mit 50° in den Eckpunkt B

- *lege dein Geodreieck mit der Null-Markierung in den Eckpunkt B*
- *drehe dein Geodreieck so, dass die Seite c durch die 50°-Markierung geht*
- *zeichne den zweiten Schenkel des Winkels entlang dem Geodreieck (du darfst den Schenkel nicht mit dem Geodreieck abmessen!)*

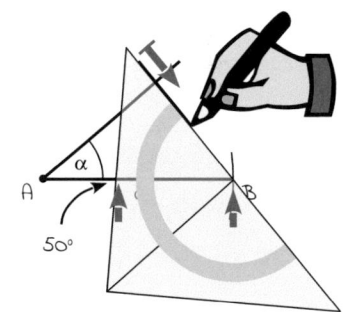

7. aus 5. ∧ 6. → C

aus dem Schnittpunkt der beiden Winkelschenkel (Schritt 5 und Schritt 6) ergibt sich der Eckpunkt C

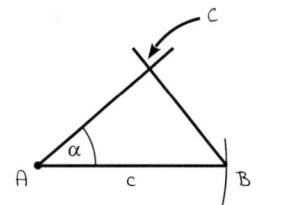

8. fertig – du hast soeben ein Dreieck konstruiert

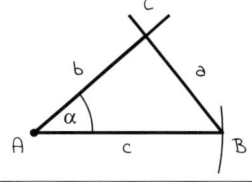

 **Übungen**

Nachdem du nun einige Konstruktionen ausführlich gezeigt bekommen hast, bist jetzt du an der Reihe. Hier kannst du an verschiedenen Dreieckskonstruktionen üben. Die Lösung (Konstruktionsanleitung und Konstruktionszeichnung) findest du in **Kapitel 8 »Lösungen«** ab Seite **41**.

Aufgabe 1: allgemeines Dreieck (SSS)

Bei diesen 10 Dreiecken sind jeweils 3 Seiten (SSS) gegeben. Die ausführliche Konstruktion findest du auf Seite 21; die Lösungen stehen ab Seite 41.

Konstruiere das Dreieck ABC aus:

a) Seite a = 6 cm; Seite b = 8 cm und Seite c = 11 cm

b) Seite a = 8 cm; Seite b = 4 cm und Seite c = 5 cm

c) Seite a = 10 cm; Seite b = 12 cm und Seite c = 8 cm

d) Seite a = 7 cm; Seite b = 5 cm und Seite c = 9 cm

e) Seite a = 7,5 cm; Seite b = 3,5 cm und Seite c = 6,5 cm

f) Seite a = 12,5 cm; Seite b = 8,5 cm und Seite c = 14,5 cm

g) Seite a = 4,2 cm; Seite b = 8,4 cm und Seite c = 5,7 cm

h) Seite a = 8,7 cm; Seite b = 6,6 cm und Seite c = 12,3 cm

i) Seite a = 0,44 dm; Seite b = 5,3 cm und Seite c = 36 mm

j) Seite a = 123 mm; Seite b = 0,94 dm und Seite c = 8,8 cm

Aufgabe 2: allgemeines Dreieck (SWS)

Bei diesen 12 Dreiecken sind jeweils 2 Seiten und der von diesen Seiten einge-
schlossene Winkel (SWS) gegeben. Die ausführliche Konstruktion findest du auf
Seite 18; die Lösungen stehen ab Seite 44.

Konstruiere das Dreieck ABC aus:

a) Seite b = 6 cm; Winkel α = 70° und Seite c = 9 cm

b) Seite b = 7 cm; Winkel α = 50° und Seite c = 5 cm

c) Seite b = 3,6 cm; Winkel α = 120° und Seite c = 4,2 cm

d) Seite b = 0,93 dm; Winkel α = 20° und Seite c = 110 mm

e) Seite a = 8 cm; Winkel β = 30° und Seite c = 6 cm

f) Seite a = 5 cm; Winkel β = 80° und Seite c = 7 cm

g) Seite a = 4,5 cm; Winkel β = 45° und Seite c = 8,2 cm

h) Seite a = 26 mm; Winkel β = 120° und Seite c = 0,18 dm

i) Seite a = 10 cm; Winkel γ = 60° und Seite b = 7 cm

j) Seite a = 7 cm; Winkel γ = 65° und Seite b = 8 cm

k) Seite a = 5,3 cm; Winkel γ = 89° und Seite b = 3,2 cm

l) Seite a = 106 mm; Winkel γ = 10° und Seite b = 1,2 dm

Aufgabe 3: allgemeines Dreieck (SSW)

Bei diesen 12 Dreiecken sind jeweils 2 Seiten und der Gegenwinkel der längeren
Seite (SSW) gegeben. Die ausführliche Konstruktion findest du auf Seite 26; die
Lösungen stehen ab Seite 47.

Konstruiere das Dreieck ABC aus:

a) Seite b = 7 cm; Seite c = 8 cm und Winkel γ = 70°

b) Seite b = 5 cm; Seite c = 7 cm und Winkel γ = 120°

c) Seite b = 6,2 cm; Seite c = 6,8 cm und Winkel γ = 55°

d) Seite b = 43 mm; Seite c = 55 mm und Winkel γ = 68°

e) Seite a = 5 cm; Seite b = 4 cm und Winkel α = 60°

f)   Seite a = 7 cm; Seite b = 4 cm und Winkel α = 100°

g)   Seite a = 8,2 cm; Seite b = 5,4 cm und Winkel α = 75°

h)   Seite a = 0,91 dm; Seite b = 0,75 dm und Winkel α = 33°

i)   Seite c = 3 cm; Seite b = 5 cm und Winkel β = 70°

j)   Seite c = 5 cm; Seite b = 7 cm und Winkel β = 30°

k)   Seite c = 6,5 cm; Seite b = 8,4 cm und Winkel β = 85°

l)   Seite c = 36 mm; Seite b = 1,28 dm und Winkel β = 160°

Aufgabe 4: allgemeines Dreieck (WSW)

Bei diesen 12 Dreiecken sind jeweils 1 Seite und die 2 anliegenden Winkel (WSW) gegeben. Die ausführliche Konstruktion findest du auf Seite 34; die Lösungen stehen ab Seite 50.

Konstruiere das Dreieck ABC aus:

a)   Seite c = 6 cm; Winkel α = 40° und Winkel β = 50°

b)   Seite c = 4 cm; Winkel α = 30° und Winkel β = 70°

c)   Seite c = 0,55 dm; Winkel α = 120° und Winkel β = 30°

d)   Seite c = 78 mm; Winkel α = 18° und Winkel β = 133°

e)   Seite b = 7 cm; Winkel α = 30° und Winkel γ = 80°

f)   Seite b = 5 cm; Winkel α = 70° und Winkel γ = 60°

g)   Seite b = 0,72 dm; Winkel α= 100° und Winkel γ = 20°

h)   Seite b = 35 mm; Winkel α= 11° und Winkel γ = 142°

i)   Seite a = 9 cm; Winkel β = 50° und Winkel γ = 40°

j)   Seite a = 8 cm; Winkel β = 80° und Winkel γ = 30°

k)   Seite a = 1,12 dm; Winkel β = 123° und Winkel γ = 15°

l)   Seite a = 44 mm; Winkel β = 23° und Winkel γ = 75°

Aufgabe 5: gleichschenkliges Dreieck

Konstruiere aus diesen Angaben ein gleichschenkliges Dreieck. Die ausführliche Konstruktion findest du auf Seite 29; die Lösungen stehen ab Seite 53.

Konstruiere das Dreieck ABC aus:

a)   Seite a = Seite b = 7 cm und Seite c = 4 cm

b)   Seite a = Seite b = 9 cm und Seite c = 5 cm

c)   Seite a = Seite b = 3,5 cm und Seite c = 2,8 cm

d)   Seite a = Seite b = 42 mm und Seite c = 0,8 dm

e)   Seite a = Seite b = 8 cm und Winkel γ = 30°

f)   Seite a = Seite b = 5 cm und Winkel γ = 80°

g)   Seite a = Seite b = 0,75 dm und Winkel γ = 100°

h)   Seite a = Seite b = 28 mm und Winkel γ = 104°

i)   Seite a = Seite b = 6 cm und Winkel α = 30°

j)   Seite a = Seite b = 11 cm und Winkel α = 75°

k)   Seite a = Seite b = 6,5 cm und Winkel α = 50°

l)   Seite a = Seite b = 25 mm und Winkel α = 42°

Aufgabe 6: gleichseitiges Dreieck

Konstruiere aus diesen Angaben ein gleichseitiges Dreieck. Die ausführliche Konstruktion findest du auf Seite 31; die Lösungen stehen ab Seite 56.

Konstruiere das Dreieck ABC aus:

a)   Seite a = Seite b = Seite c = 7 cm

b)   Seite a = Seite b = Seite c = 9 cm

c)   Seite a = Seite b = Seite c = 3,5 cm

d)   Seite a = Seite b = Seite c = 4,2 cm

e)   Seite a = Seite b = Seite c = 1,3 dm

f)   Seite a = Seite b = Seite c = 0,8 dm

g) Seite a = Seite b = Seite c = 0,6 dm

h) Seite a = Seite b = Seite c = 52 mm

i) Seite a = Seite b = Seite c = 28 mm

j) Seite a = Seite b = Seite c = 16 mm

Aufgabe 7: rechtwinkliges Dreieck

Konstruiere aus diesen Angaben ein rechtwinkliges Dreieck. Die ausführliche Konstruktion findest du auf Seite 34; die Lösungen stehen ab Seite 58.

Konstruiere das Dreieck ABC aus:

a) Seite b = 5 cm; Winkel α = 30° und Winkel γ = 90°

b) Seite b = 7 cm; Winkel α = 50° und Winkel γ = 90°

c) Seite b = 2 cm; Winkel α = 70° und Winkel γ = 90°

d) Seite b = 4,5 cm; Winkel α = 15° und Winkel γ = 90°

e) Seite b = 4 cm; Seite c = 3 cm; Winkel α = 90°

f) Seite b = 7 cm; Seite c = 5 cm; Winkel α = 90°

g) Seite b = 3,8 cm; Seite c = 5,2 cm; Winkel α = 90°

h) Seite b = 0,88 dm; Seite c = 19 mm; Winkel α = 90°

i) Seite c = 6 cm; Winkel β = 40°; Winkel γ = 90°

j) Seite c = 9 cm; Winkel β = 70°; Winkel γ = 90°

k) Seite c = 1,2 dm; Winkel β = 82°; Winkel γ = 90°

l) Seite c = 75 mm; Winkel β = 35°; Winkel γ = 90°

diese 4 Aufgaben sind etwas anspruchsvoller!

8. Lösungen

> ❗ Die gezeigten Lösungen sind nur eine Variante – du kannst die Aufgaben auch anders lösen. Wichtig ist dabei nur, dass dein Dreieck am Ende so aussieht wie in unserer Lösung dargestellt. Jeder Lösungsvorschlag einer Aufgabe besteht aus einer Konstruktionsanleitung und einer Konstruktionszeichnung.

Die **Konstruktionsanleitung** enthält jeweils die mathematische Schreibweise und eine in Textform verfasste Anleitung der Konstruktion. Da du alle Dreiecke in einer Aufgabe immer nach der gleichen Konstruktionsanleitung aufbaust, haben wir die Konstruktionsanleitung nur einmal für alle Dreiecke einer Aufgabe aufgeschrieben.

Die abgebildeten **Konstruktionszeichnungen** sind im Maßstab 1:1 (Originalgröße) abgebildet und wurde nach der jeweiligen Konstruktionsanleitung der Aufgabe konstruiert.

Lösung Aufgabe 1: allgemeines Dreieck (SSS)

Bei diesen Dreiecken sind jeweils alle 3 Seiten (SSS) gegeben (Aufgabenstellung siehe Seite 36).

Konstruktionsanleitung für alle Dreiecke aus Aufgabe 1 a) bis 1 j):

1. A — zeichne Eckpunkt A
2. $\odot$ (A; r = c) — zeichne einen Kreisbogen um Eckpunkt A mit Radius von Seite c
3. verbinde A $\wedge$ $\odot$ → c — verbinde den Eckpunkt A mit dem Kreisbogen, ergibt Seite c
4. aus 2. $\wedge$ 3. → B — aus Schritt 2 und Schritt 3 ergibt sich Eckpunkt B
5. $\odot$ (A; r = b) — zeichne einen Kreisbogen um Eckpunkt A mit Radius von Seite b
6. $\odot$ (B; r = a) — zeichne einen Kreisbogen um Eckpunkt B mit Radius von Seite a
7. aus 5. $\wedge$ 6. → C — aus Schritt 5 und Schritt 6 ergibt sich Eckpunkt C
8. verbinde $\triangle$ABC — verbinde alles zum Dreieck ABC

Konstruktionszeichnung der Aufgabe 1 a) bis 1 e)

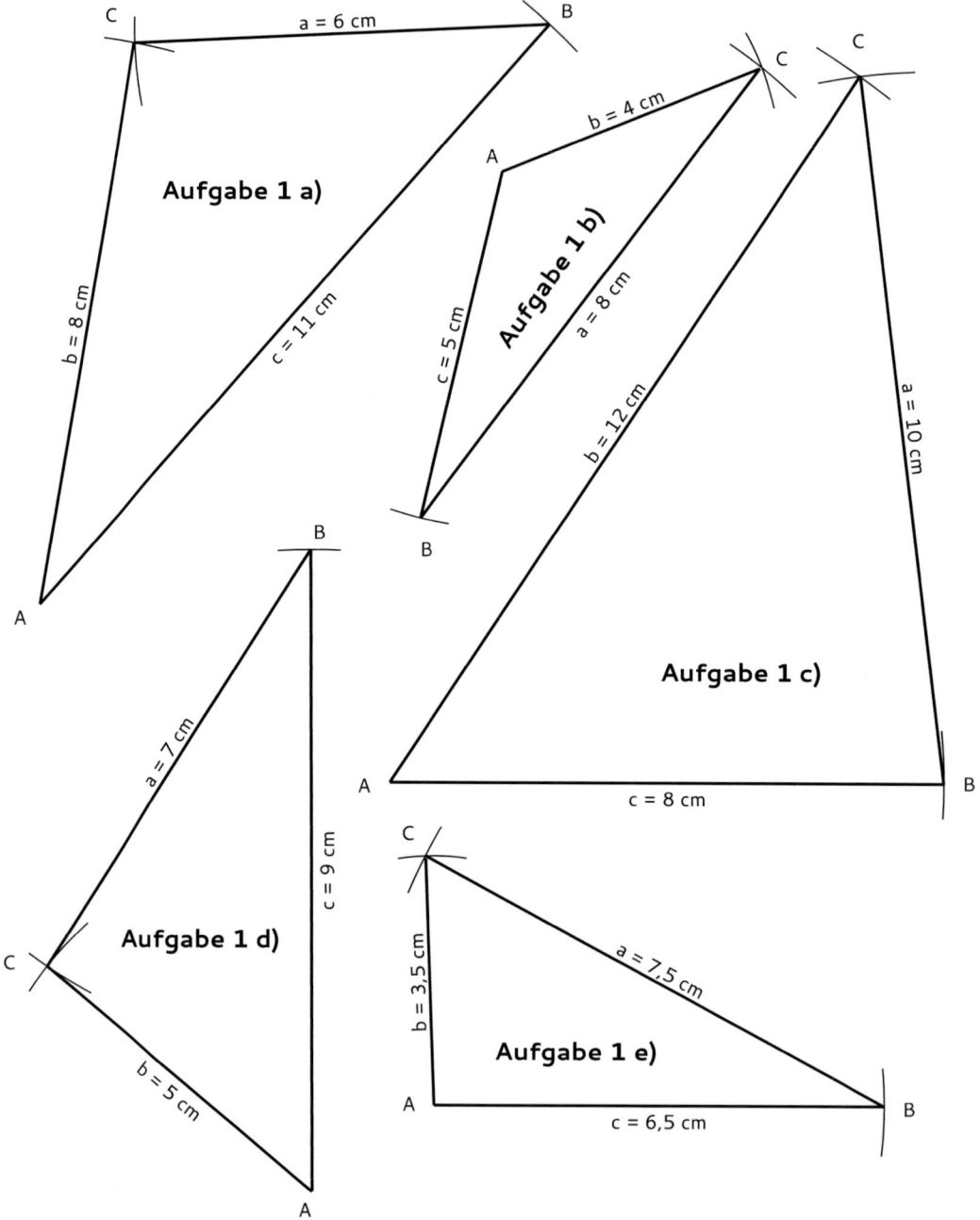

Aufgabe 1 a)

C — a = 6 cm — B
b = 8 cm
c = 11 cm
A

Aufgabe 1 b)

b = 4 cm
A
c = 5 cm
a = 8 cm
C
B

Aufgabe 1 c)

b = 12 cm
a = 10 cm
C
A — c = 8 cm — B

Aufgabe 1 d)

B
a = 7 cm
c = 9 cm
C
b = 5 cm
A

Aufgabe 1 e)

C
b = 3,5 cm
a = 7,5 cm
A — c = 6,5 cm — B

Konstruktionszeichnung der Aufgabe 1 f) bis 1 j)

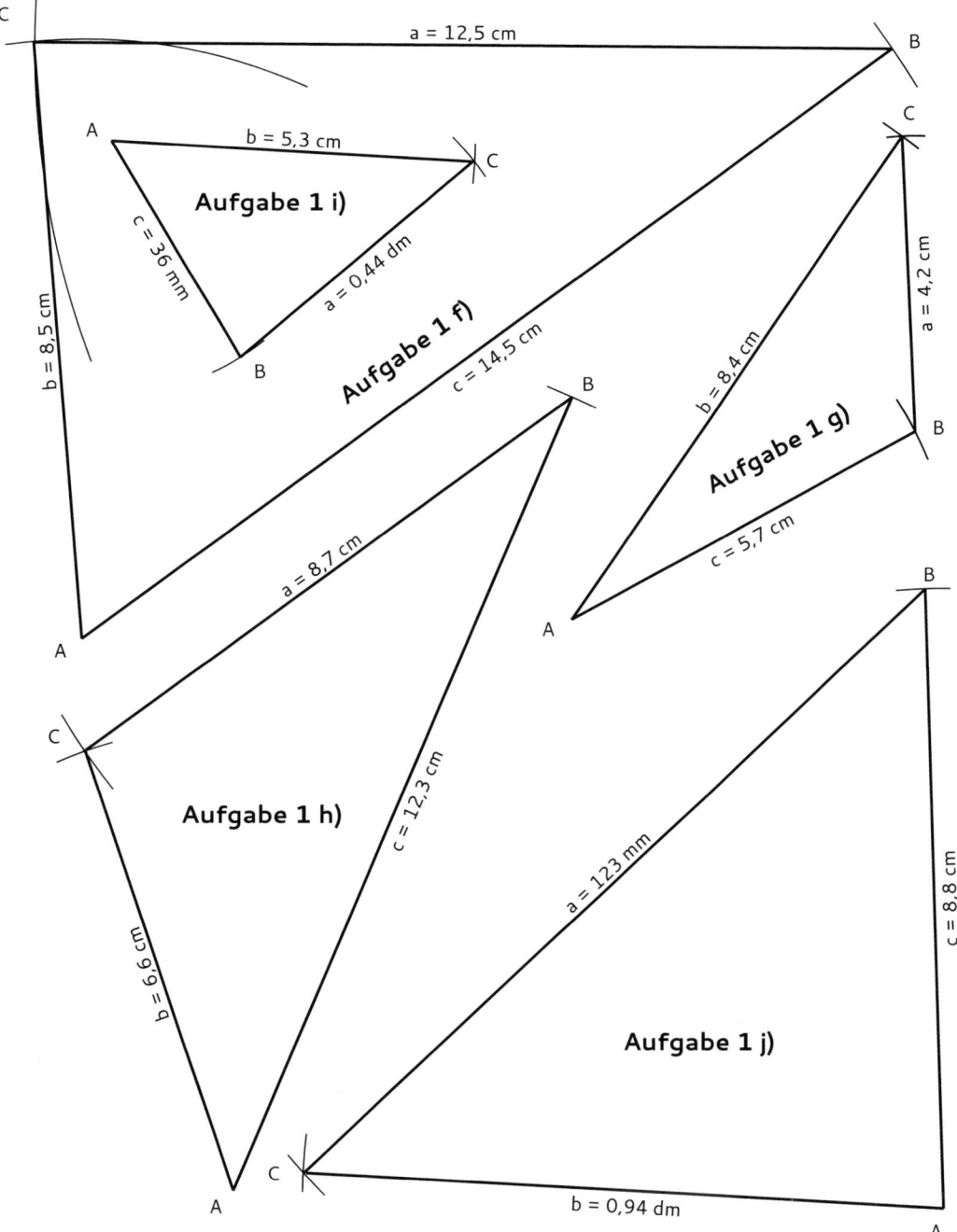

Lösung Aufgabe 2: allgemeines Dreieck (SWS)

Bei diesen Dreiecken sind jeweils 2 Seiten und der von diesen Seiten eingeschlosse-
ne Winkel (SWS) gegeben (Aufgabenstellung siehe Seite 37).

Konstruktionsanleitung für alle Dreiecke aus Aufgabe 2 a) bis 2 d):

1. A zeichne Eckpunkt A
2. $\odot$ (A; r = c) zeichne einen Kreisbogen um Eckpunkt A mit Radius von Seite c
3. verbinde A $\wedge$ $\odot$ $\rightarrow$ c verbinde den Eckpunkt A mit dem Kreisbogen, ergibt Seite c
4. aus 2. $\wedge$ 3. $\rightarrow$ B aus Schritt 2 und Schritt 3 ergibt sich Eckpunkt B
5. $\measuredangle\alpha$ in A zeichne den Winkel α (Alpha) in den Eckpunkt A
6. $\odot$ (A; r = b) zeichne einen Kreisbogen um Eckpunkt A mit Radius von Seite b
7. aus 5. $\wedge$ 6. $\rightarrow$ C aus Schritt 5 und Schritt 6 ergibt sich Eckpunkt C
8. verbinde $\triangle$ABC verbinde alles zum Dreieck ABC

Konstruktionszeichnung der Aufgabe 2 a) bis 2 d):

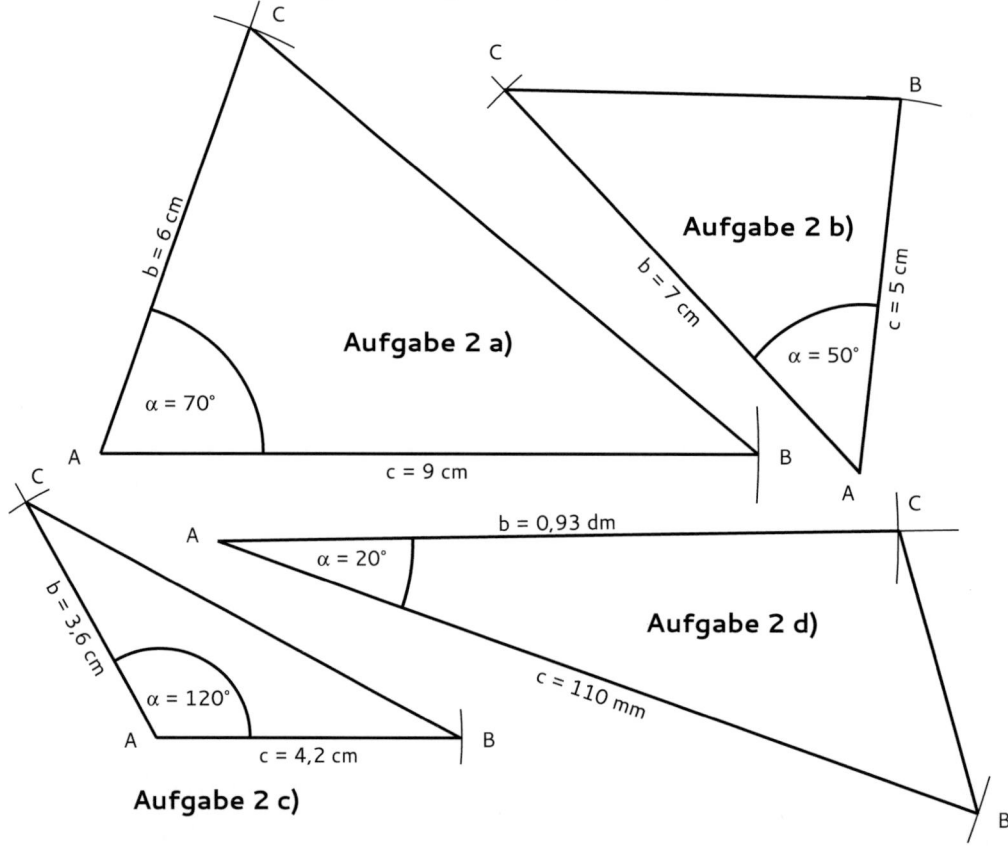

Konstruktionsanleitung für alle Dreiecke aus Aufgabe 2 e) bis 2 h):

1. A   zeichne Eckpunkt A
2. ⊙ (A; r = c)   zeichne einen Kreisbogen um Eckpunkt A mit Radius von Seite c
3. verbinde A ∧ ⊙ → c   verbinde den Eckpunkt A mit dem Kreisbogen, ergibt Seite c
4. aus 2. ∧ 3. → B   aus Schritt 2 und Schritt 3 ergibt sich Eckpunkt B
5. ∢β in B   zeichne den Winkel β (Beta) in den Eckpunkt B
6. ⊙ (B; r = a)   zeichne einen Kreisbogen um Eckpunkt B mit Radius von Seite a
7. aus 5. ∧ 6. → C   aus Schritt 5 und Schritt 6 ergibt sich Eckpunkt C
8. verbinde ΔABC   verbinde alles zum Dreieck ABC

Konstruktionszeichnung der Aufgabe 2 e) bis 2 h):

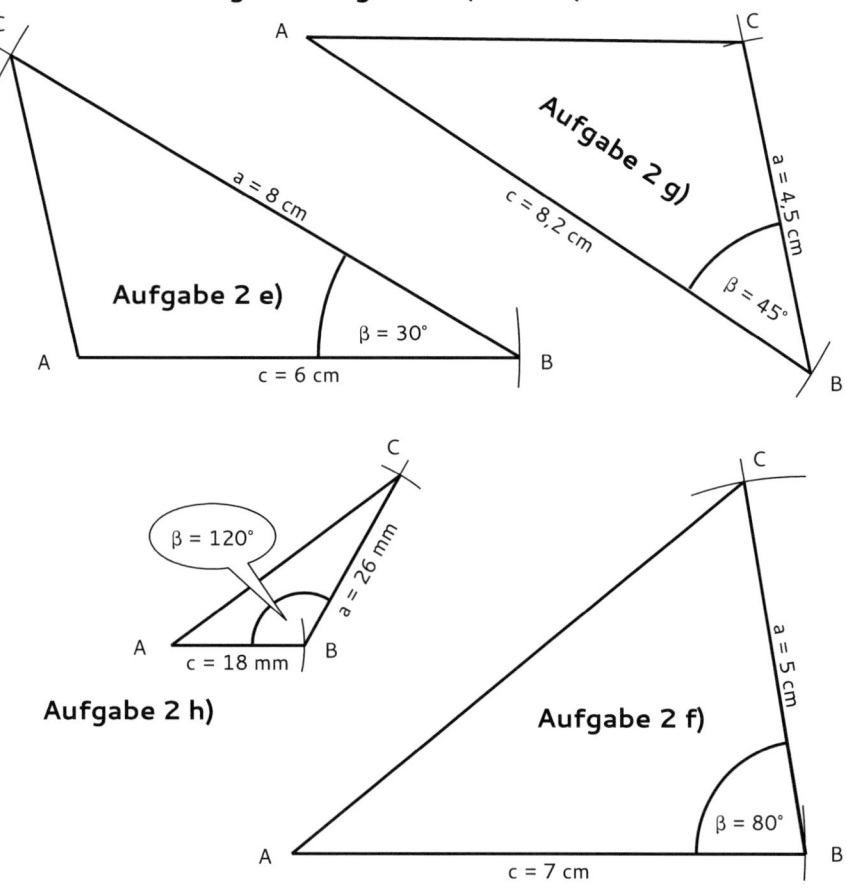

Konstruktionsanleitung für alle Dreiecke aus Aufgabe 2 i) bis 2 l):

1. C — zeichne Eckpunkt C
2. ⊙ (C; r = b) — zeichne einen Kreisbogen um Eckpunkt C mit Radius von Seite b
3. verbinde C ∧ ⊙ → b — verbinde den Eckpunkt C mit dem Kreisbogen, ergibt Seite b
4. aus 2. ∧ 3. → A — aus Schritt 2 und Schritt 3 ergibt sich Eckpunkt A
5. ∡γ in C — zeichne den Winkel γ (Gamma) in den Eckpunkt C
6. ⊙ (C; r = a) — zeichne einen Kreisbogen um Eckpunkt C mit Radius von Seite a
7. aus 5. ∧ 6. → B — aus Schritt 5 und Schritt 6 ergibt sich Eckpunkt B
8. verbinde ΔABC — verbinde alles zum Dreieck ABC

Konstruktionszeichnung der Aufgabe 2 i) bis 2 l):

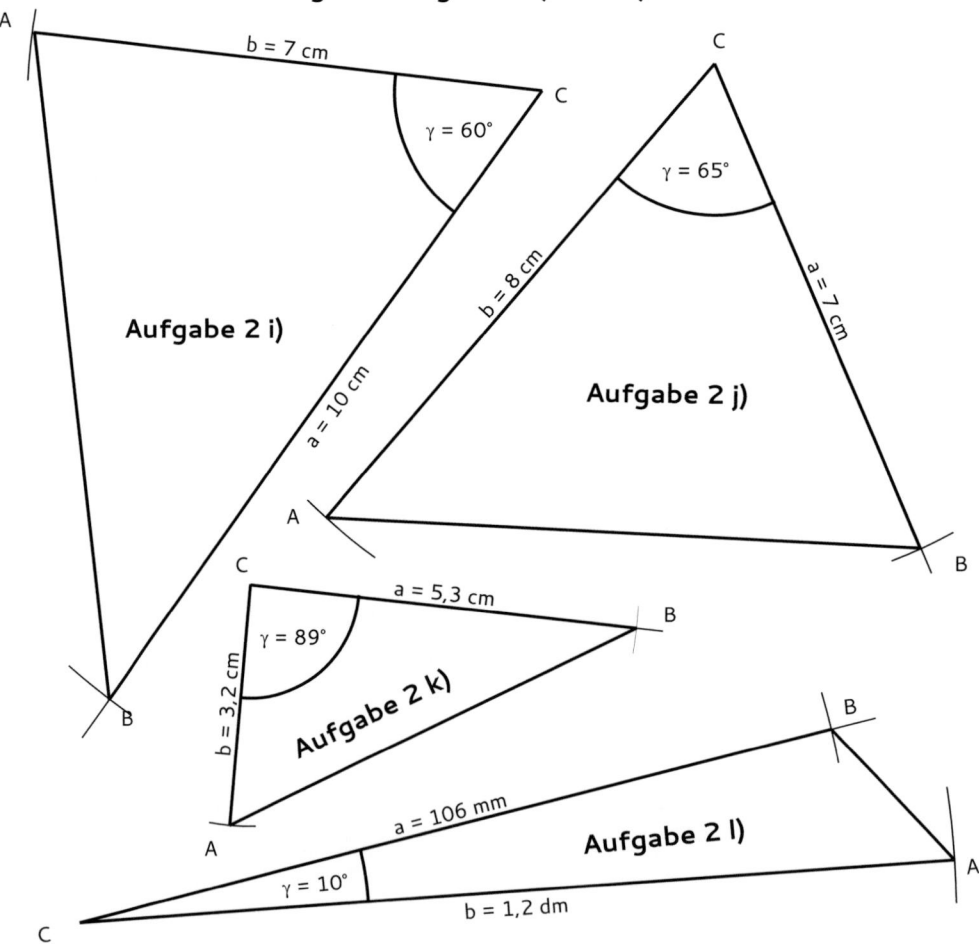

mathetreff-online

Lösung Aufgabe 3: allgemeines Dreieck (SSW)

Bei diesen Dreiecken sind jeweils 2 Seiten und der Gegenwinkel der längeren Seite (SSW) gegeben (Aufgabenstellung siehe Seite 37).

Konstruktionsanleitung für alle Dreiecke aus Aufgabe 3 a) bis 3 d):

1. C — zeichne Eckpunkt C
2. ⊙ (C; r = b) — zeichne einen Kreisbogen um Eckpunkt C mit Radius von Seite b
3. verbinde C ∧ ⊙ → b — verbinde den Eckpunkt C mit dem Kreisbogen, ergibt Seite b
4. aus 2. ∧ 3. → A — aus Schritt 2 und Schritt 3 ergibt sich Eckpunkt A
5. ∢γ in C — zeichne den Winkel γ (Gamma) in den Eckpunkt C
6. ⊙ (A; r = c) — zeichne einen Kreisbogen um Eckpunkt A mit Radius von Seite c
7. aus 5. ∧ 6. → B — aus Schritt 5 und Schritt 6 ergibt sich Eckpunkt B
8. verbinde ΔABC — verbinde alles zum Dreieck ABC

Konstruktionszeichnung der Aufgabe 3 a) bis 3 d):

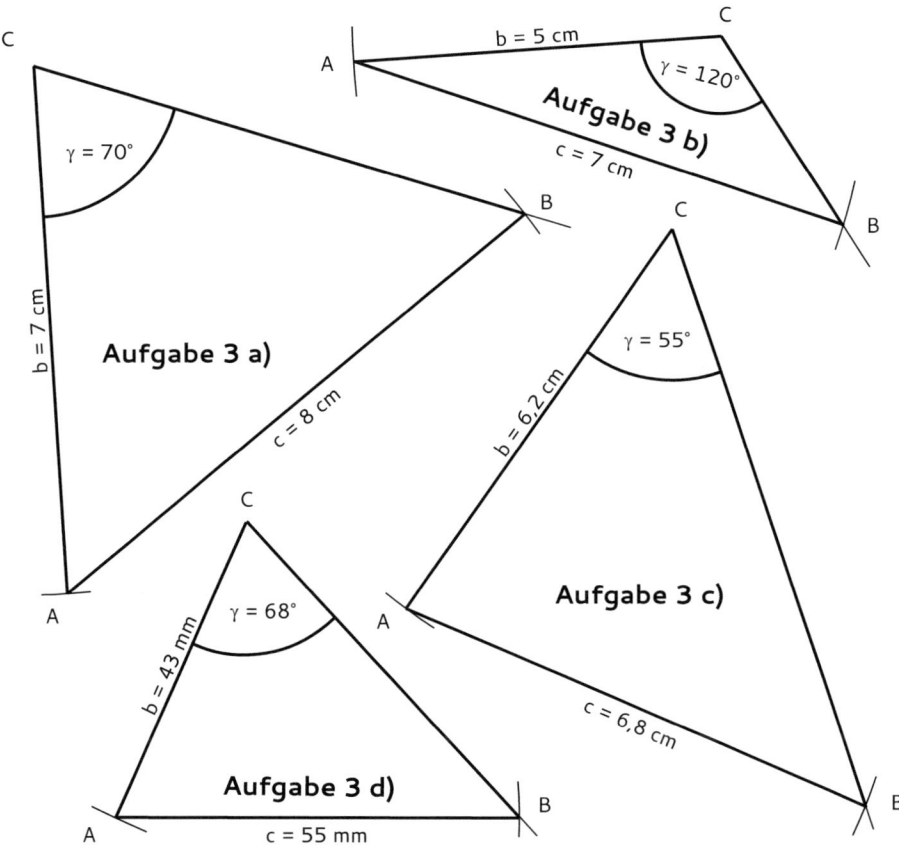

Konstruktionsanleitung für alle Dreiecke aus Aufgabe 3 e) bis 3 h):

1. A   zeichne Eckpunkt A
2. $\odot$ (A; r = b)   zeichne einen Kreisbogen um Eckpunkt A mit Radius von Seite b
3. verbinde A $\wedge$ $\odot$ $\rightarrow$ b   verbinde den Eckpunkt A mit dem Kreisbogen, ergibt Seite b
4. aus 2. $\wedge$ 3. $\rightarrow$ C   aus Schritt 2 und Schritt 3 ergibt sich Eckpunkt C
5. $\sphericalangle \alpha$ in A   zeichne den Winkel α (Alpha) in den Eckpunkt A
6. $\odot$ (C; r = a)   zeichne einen Kreisbogen um Eckpunkt C mit Radius von Seite a
7. aus 5. $\wedge$ 6. $\rightarrow$ B   aus Schritt 5 und Schritt 6 ergibt sich Eckpunkt B
8. verbinde $\triangle$ABC   verbinde alles zum Dreieck ABC

Konstruktionszeichnung der Aufgabe 3 e) bis 3 h):

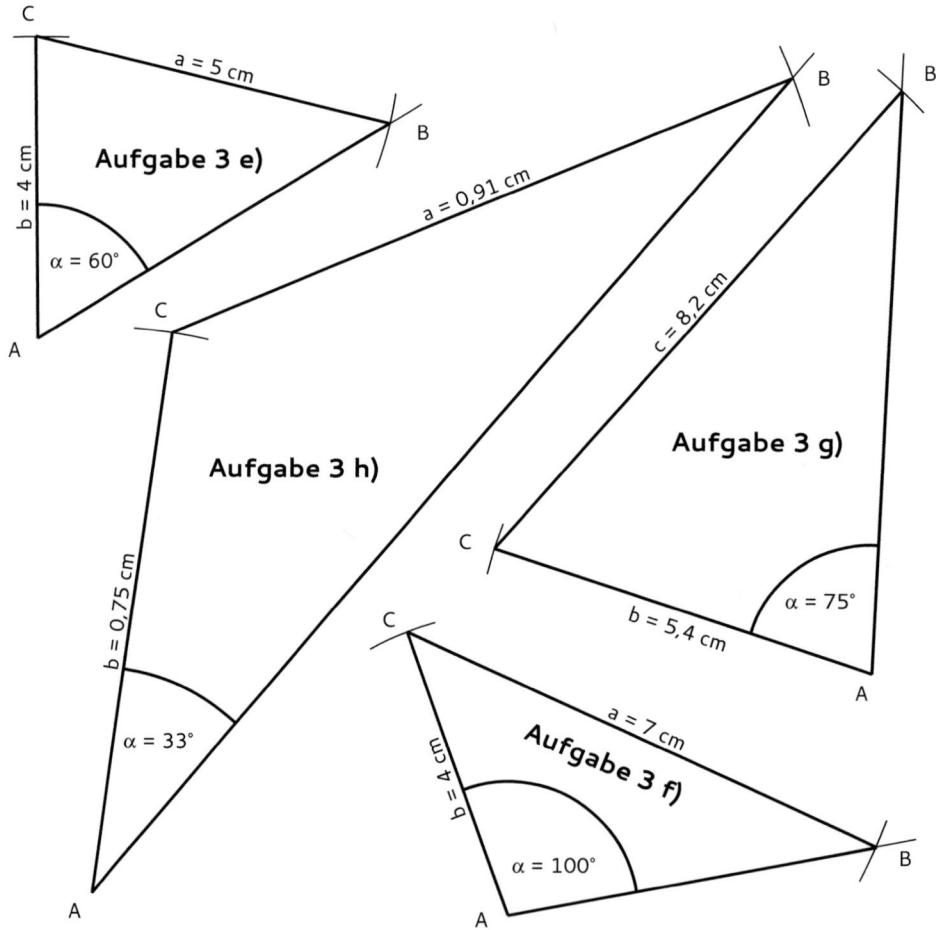

Konstruktionsanleitung für alle Dreiecke aus Aufgabe 3 i) bis 3 l):

1. A   zeichne Eckpunkt A
2. $\odot$ (A; r = c)   zeichne einen Kreisbogen um Eckpunkt A mit Radius von Seite c
3. verbinde A $\wedge$ $\odot$ → c   verbinde den Eckpunkt A mit dem Kreisbogen, ergibt Seite c
4. aus 2. $\wedge$ 3. → B   aus Schritt 2 und Schritt 3 ergibt sich Eckpunkt B
5. $\sphericalangle \beta$ in B   zeichne den Winkel β (Beta) in den Eckpunkt B
6. $\odot$ (A; r = b)   zeichne einen Kreisbogen um Eckpunkt A mit Radius von Seite b
7. aus 5. $\wedge$ 6. → C   aus Schritt 5 und Schritt 6 ergibt sich Eckpunkt C
8. verbinde $\triangle$ABC   verbinde alles zum Dreieck ABC

Konstruktionszeichnung der Aufgabe 3 i) bis 3 l):

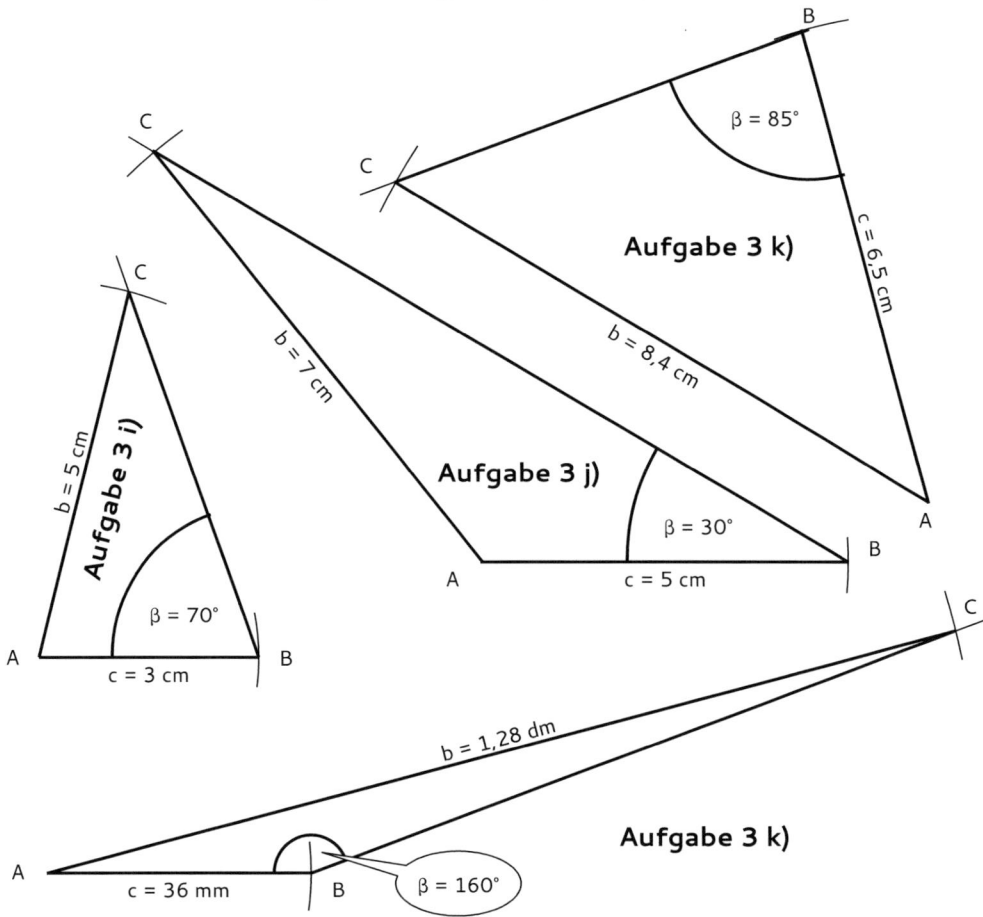

Lösung Aufgabe 4: allgemeines Dreieck (WSW)

Bei diesen Dreiecken sind jeweils 1 Seite und die 2 anliegenden Winkel (WSW) gegeben (Aufgabenstellung siehe Seite 38).

Konstruktionsanleitung für alle Dreiecke aus Aufgabe 4 a) bis 4 d):

1. A   zeichne Eckpunkt A
2. $\odot$ (A; r = c)   zeichne einen Kreisbogen um Eckpunkt A mit Radius von Seite c
3. verbinde A $\wedge$ $\odot$ $\rightarrow$ c   verbinde den Eckpunkt A mit dem Kreisbogen, ergibt Seite c
4. aus 2. $\wedge$ 3. $\rightarrow$ B   aus Schritt 2 und Schritt 3 ergibt sich Eckpunkt B
5. $\sphericalangle \alpha$ in A   zeichne den Winkel α (Alpha) in den Eckpunkt A
6. $\sphericalangle \beta$ in B   zeichne den Winkel β (Beta) in den Eckpunkt B
7. aus 5. $\wedge$ 6. $\rightarrow$ C   aus Schritt 5 und Schritt 6 ergibt sich Eckpunkt C
8. verbinde $\triangle$ABC   verbinde alles zum Dreieck ABC

Konstruktionszeichnung der Aufgabe 4 a) bis 4 d):

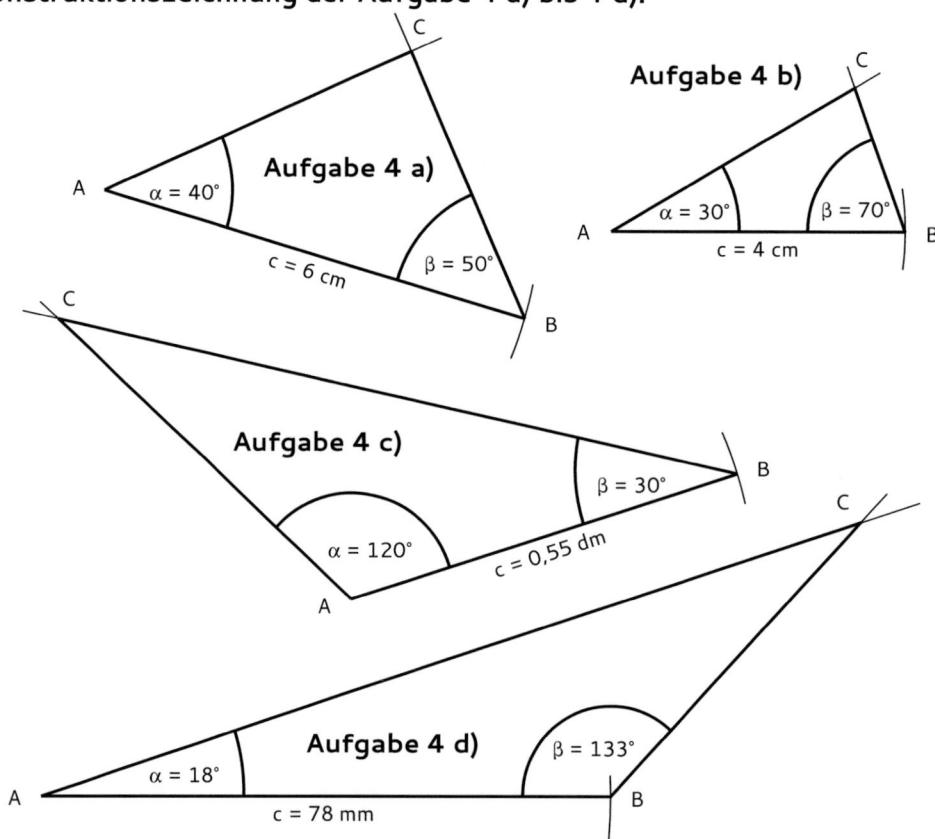

mathetreff-online

Konstruktionsanleitung für alle Dreiecke aus Aufgabe 4 e) bis 4 h):

1. C   zeichne Eckpunkt C
2. $\odot$ (C; r = b)   zeichne einen Kreisbogen um Eckpunkt C mit Radius von Seite b
3. verbinde C $\wedge$ $\odot$ → b   verbinde den Eckpunkt C mit dem Kreisbogen, ergibt Seite b
4. aus 2. $\wedge$ 3. → A   aus Schritt 2 und Schritt 3 ergibt sich Eckpunkt A
5. ∢α in A   zeichne den Winkel α (Alpha) in den Eckpunkt A
6. ∢γ in C   zeichne den Winkel γ (Gamma) in den Eckpunkt C
7. aus 5. $\wedge$ 6. → B   aus Schritt 5 und Schritt 6 ergibt sich Eckpunkt B
8. verbinde $\triangle$ABC   verbinde alles zum Dreieck ABC

Konstruktionszeichnung der Aufgabe 4 e) bis 4 h):

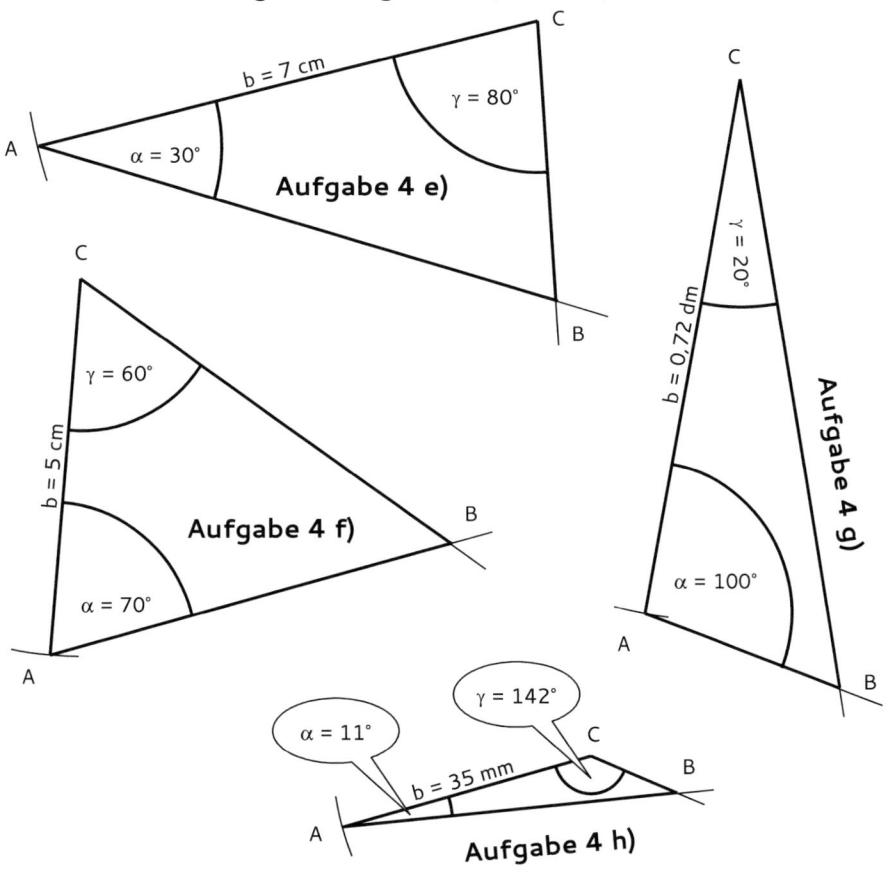

Konstruktionsanleitung für alle Dreiecke aus Aufgabe 4 i) bis 4 l):

1. B   zeichne Eckpunkt B
2. $\odot$ (B; r = a)   zeichne einen Kreisbogen um Eckpunkt B mit Radius von Seite a
3. verbinde B $\wedge$ $\odot$ $\rightarrow$ a   verbinde den Eckpunkt B mit dem Kreisbogen, ergibt Seite a
4. aus 2. $\wedge$ 3. $\rightarrow$ C   aus Schritt 2 und Schritt 3 ergibt sich Eckpunkt C
5. $\sphericalangle\beta$ in B   zeichne den Winkel β (Beta) in den Eckpunkt B
6. $\sphericalangle\gamma$ in C   zeichne den Winkel γ (Gamma) in den Eckpunkt C
7. aus 5. $\wedge$ 6. $\rightarrow$ A   aus Schritt 5 und Schritt 6 ergibt sich Eckpunkt A
8. verbinde $\triangle$ABC   verbinde alles zum Dreieck ABC

Konstruktionszeichnung der Aufgabe 4 i) bis 4 l):

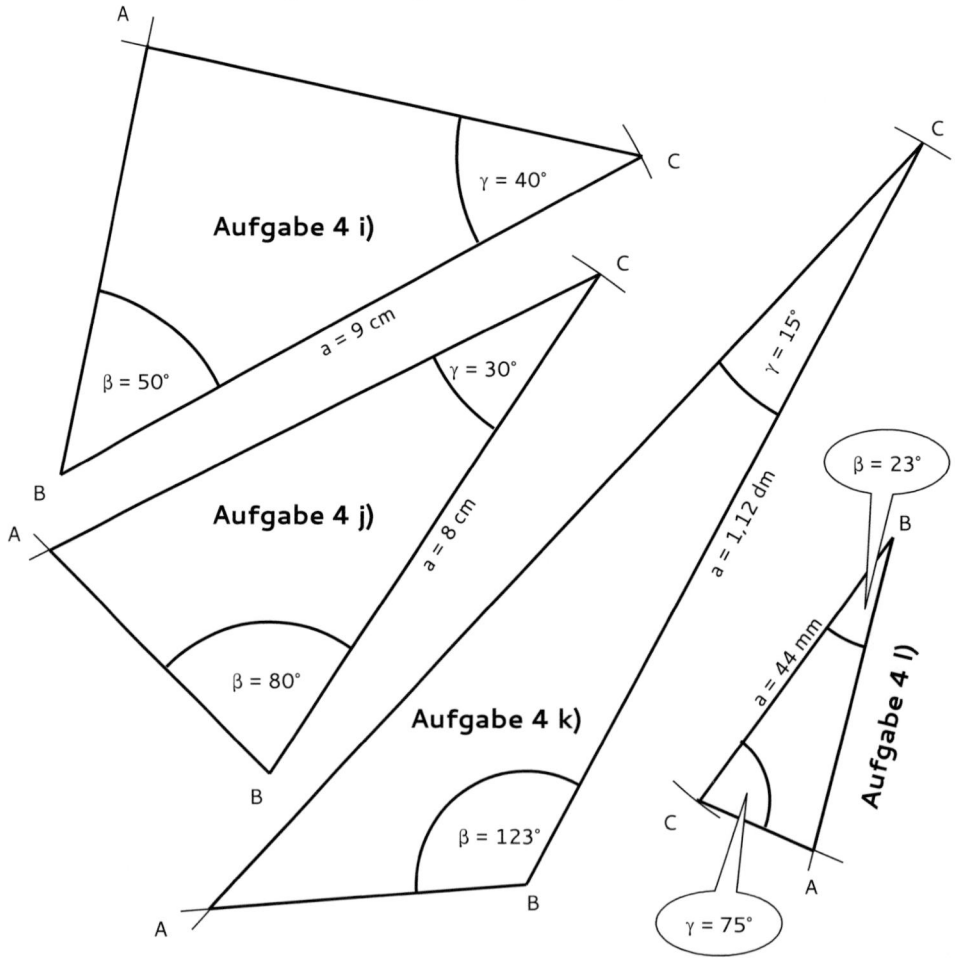

Lösung Aufgabe 5: gleichschenkliges Dreieck

Konstruiere aus diesen Angaben ein gleichschenkliges Dreieck (Aufgabenstellung siehe Seite 39).

Konstruktionsanleitung für alle Dreiecke aus Aufgabe 5 a) bis 5 d):

1. A — zeichne Eckpunkt A
2. $\odot$ (A; r = c) — zeichne einen Kreisbogen um Eckpunkt A mit Radius von Seite c
3. verbinde A $\wedge$ $\odot$ $\rightarrow$ c — verbinde den Eckpunkt A mit dem Kreisbogen, ergibt Seite c
4. aus 2. $\wedge$ 3. $\rightarrow$ B — aus Schritt 2 und Schritt 3 ergibt sich Eckpunkt B
5. $\odot$ (A; r = b) — zeichne einen Kreisbogen um Eckpunkt A mit Radius von Seite b
6. $\odot$ (B; r = a) — zeichne einen Kreisbogen um Eckpunkt B mit Radius von Seite a
7. aus 5. $\wedge$ 6. $\rightarrow$ C — aus Schritt 5 und Schritt 6 ergibt sich Eckpunkt C
8. verbinde $\triangle$ABC — verbinde alles zum Dreieck ABC ($\triangle$ABC)

Konstruktionszeichnung der Aufgabe 5 a) bis 5 d):

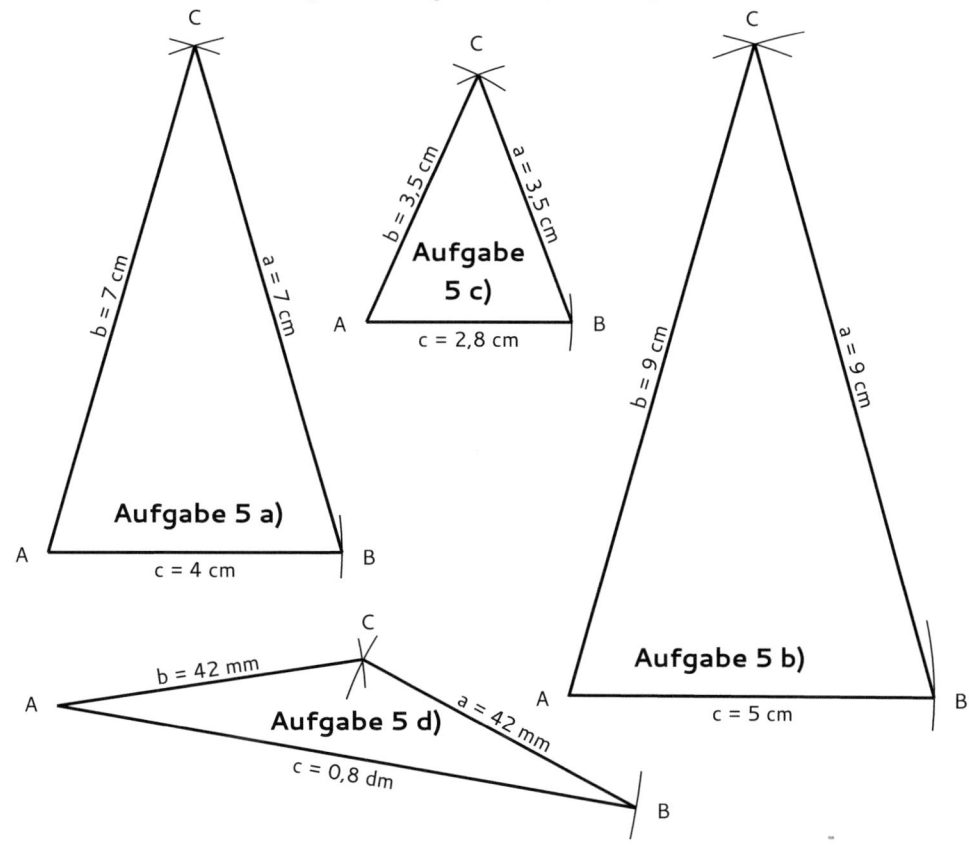

Konstruktionsanleitung für alle Dreiecke aus Aufgabe 5 e) bis 5 h):

1. A — zeichne Eckpunkt A
2. ⊙ (A; r = b) — zeichne einen Kreisbogen um Eckpunkt A mit Radius von Seite b
3. verbinde A ∧ ⊙ → b — verbinde den Eckpunkt A mit dem Kreisbogen, ergibt Seite b
4. aus 2. ∧ 3. → C — aus Schritt 2 und Schritt 3 ergibt sich Eckpunkt C
5. ∢γ in C — zeichne den Winkel γ (Gamma) in den Eckpunkt C
6. ⊙ (C; r = a) — zeichne einen Kreisbogen um Eckpunkt C mit Radius von Seite a
7. aus 5. ∧ 6. → B — aus Schritt 5 und Schritt 6 ergibt sich Eckpunkt B
8. verbinde △ABC — verbinde alles zum Dreieck ABC

Konstruktionszeichnung der Aufgabe 5 e) bis 5 h):

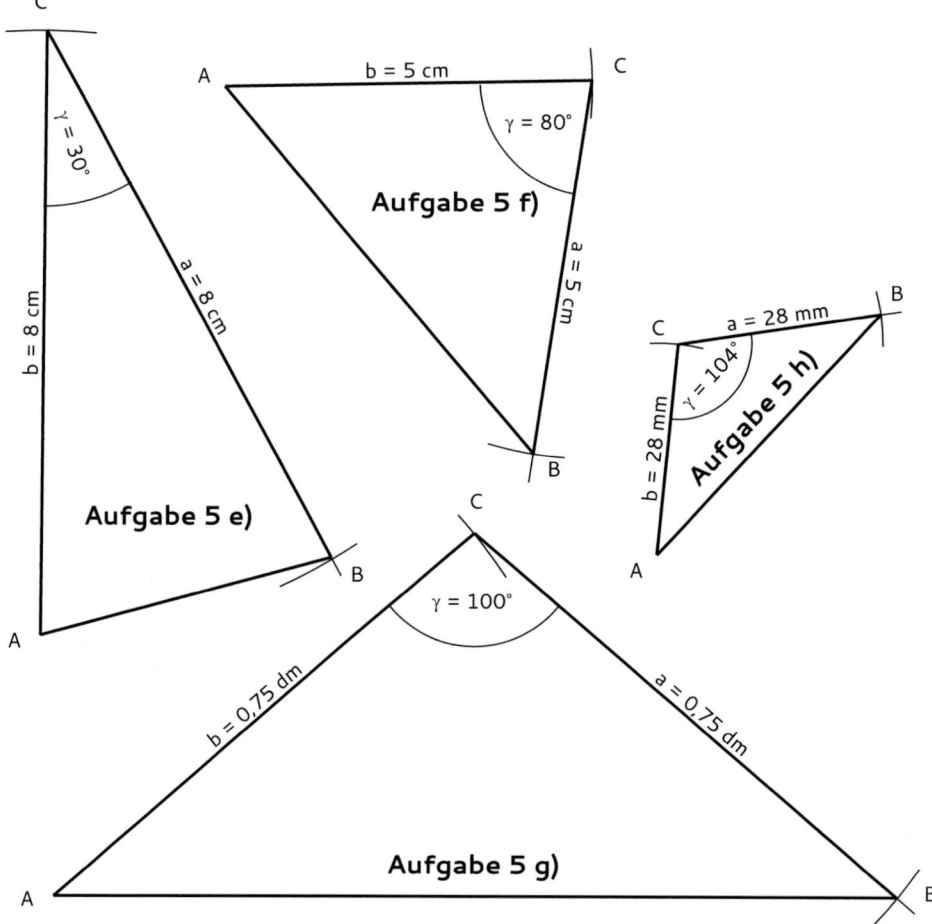

Konstruktionsanleitung für alle Dreiecke aus Aufgabe 5 i) bis 5 l):

1. A   zeichne Eckpunkt A
2. ⊙ (A; r = b)   zeichne einen Kreisbogen um Eckpunkt A mit Radius von Seite b
3. verbinde A ∧ ⊙ → b   verbinde den Eckpunkt A mit dem Kreisbogen, ergibt Seite b
4. aus 2. ∧ 3. → C   aus Schritt 2 und Schritt 3 ergibt sich Eckpunkt C
5. ∢α in A   zeichne den Winkel α (Alpha) in den Eckpunkt A
6. ⊙ (C; r = a)   zeichne einen Kreisbogen um Eckpunkt C mit Radius von Seite a
7. aus 5. ∧ 6. → B   aus Schritt 5 und Schritt 6 ergibt sich Eckpunkt B
8. verbinde △ABC   verbinde alles zum Dreieck ABC

Konstruktionszeichnung der Aufgabe 5 i) bis 5 l):

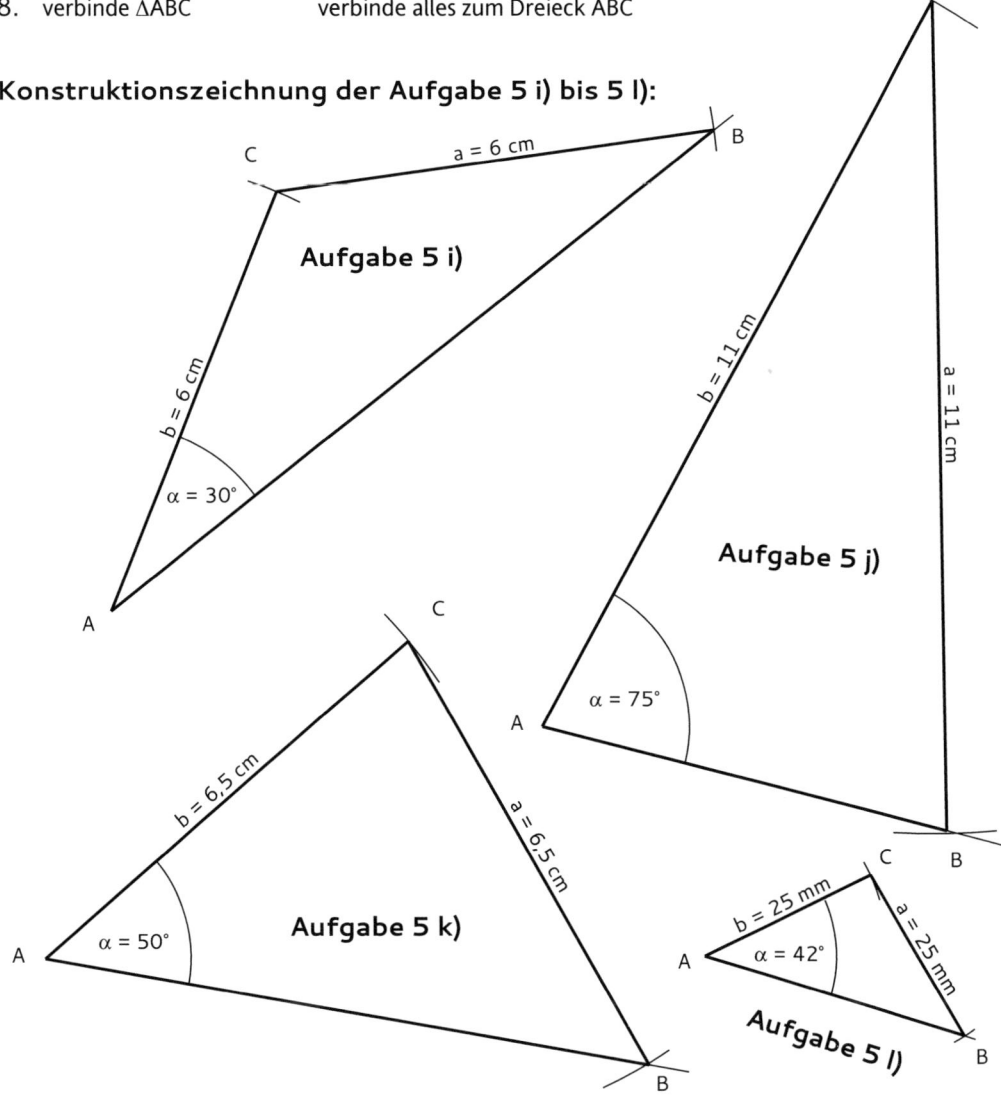

Lösung Aufgabe 6: gleichseitiges Dreieck

Konstruiere aus diesen Angaben ein gleichseitiges Dreieck (Aufgabenstellung siehe Seite 39).

Konstruktionsanleitung für alle Dreiecke aus Aufgabe 6 a) bis 6 d):

1. A — zeichne Eckpunkt A
2. $\odot$ (A; r = c) — zeichne einen Kreisbogen um Eckpunkt A mit Radius von Seite c
3. verbinde A $\wedge$ $\odot$ → c — verbinde den Eckpunkt A mit dem Kreisbogen, ergibt Seite c
4. aus 2. $\wedge$ 3. → B — aus Schritt 2 und Schritt 3 ergibt sich Eckpunkt B
5. $\odot$ (B; r = a) — zeichne einen Kreisbogen um Eckpunkt B mit Radius von Seite a
6. aus 2. $\wedge$ 5. → C — aus Schritt 2 und Schritt 5 ergibt sich Eckpunkt C
7. verbinde $\triangle$ABC — verbinde alles zum Dreieck ABC

Konstruktionszeichnung der Aufgabe 6 a) bis 6 d):

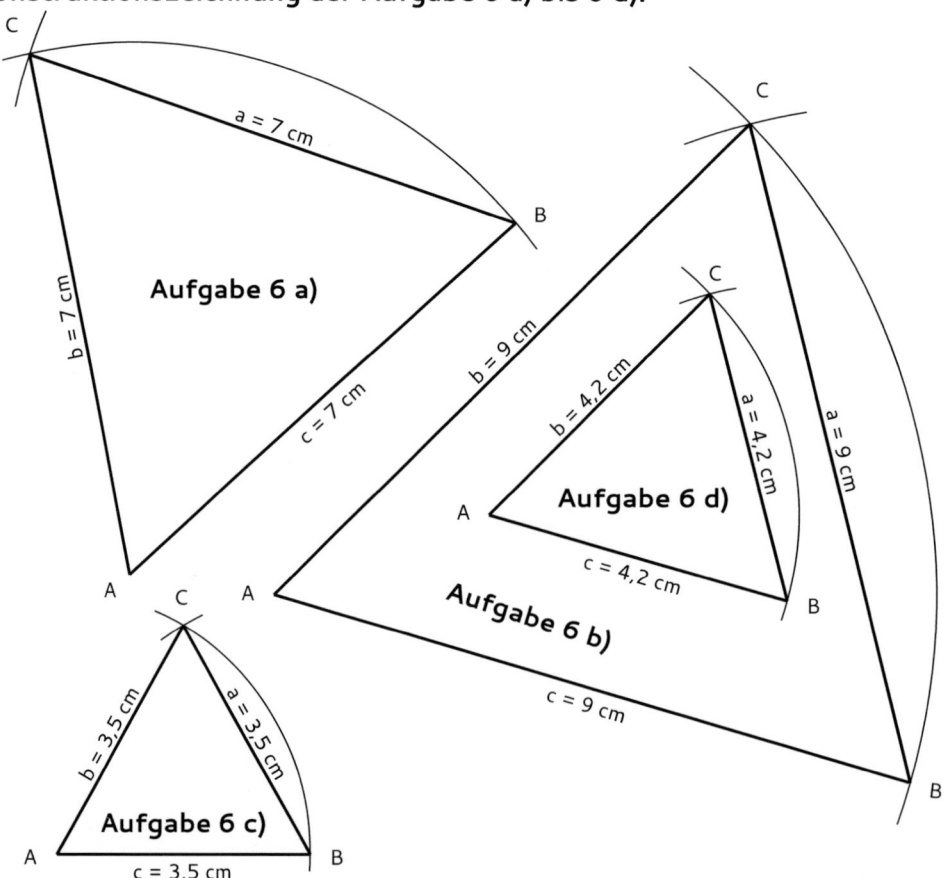

Konstruktionszeichnung der Aufgabe 6 e) bis 6 j):

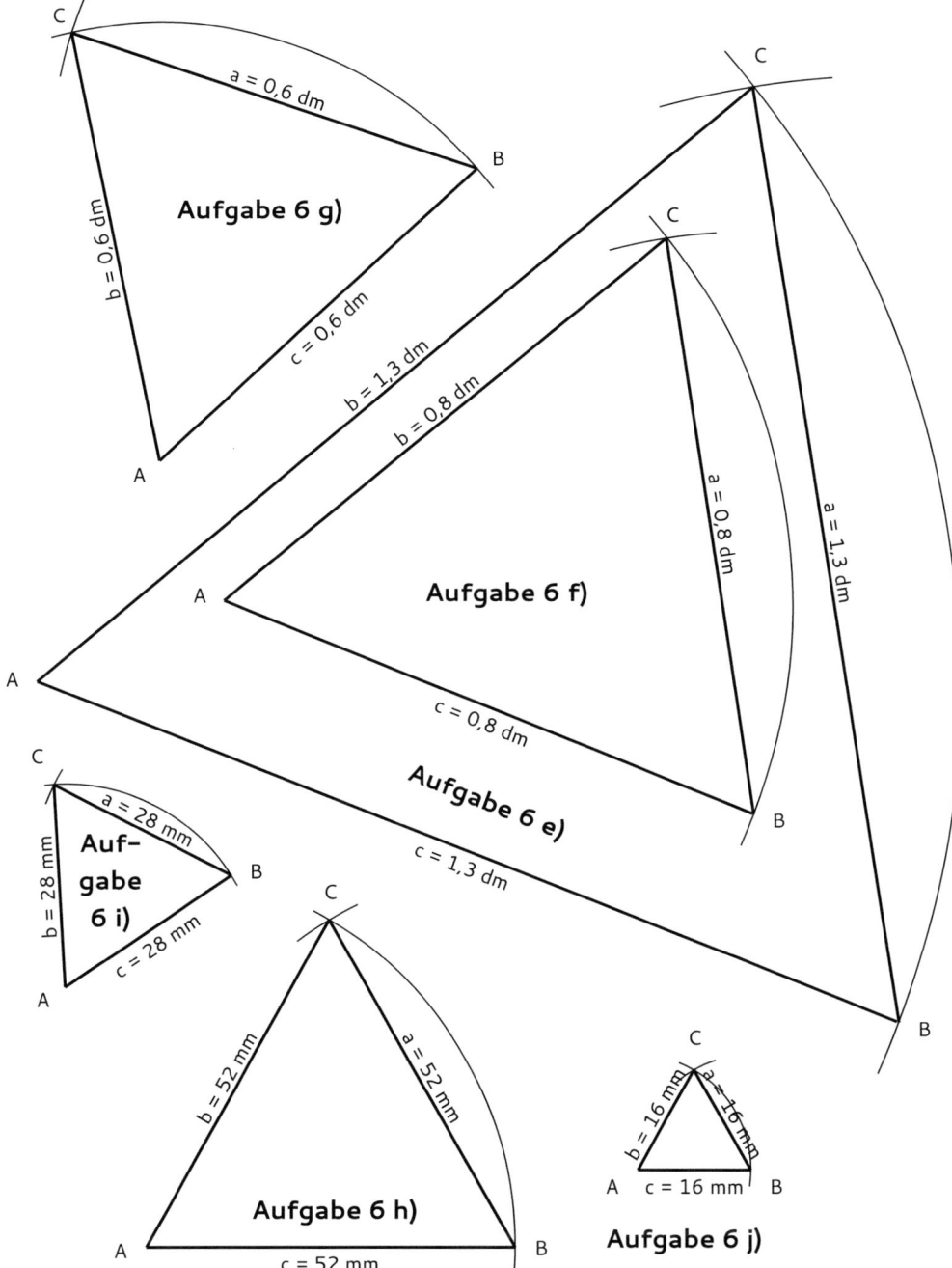

C

a = 0,6 dm

B

Aufgabe 6 g)

b = 0,6 dm

c = 0,6 dm

A

C

b = 1,3 dm

b = 0,8 dm

A

Aufgabe 6 f)

a = 0,8 dm

a = 1,3 dm

A

c = 0,8 dm

B

Aufgabe 6 e)

c = 1,3 dm

B

C

a = 28 mm

B

Auf-gabe 6 i)

b = 28 mm

c = 28 mm

A

C

b = 52 mm

a = 52 mm

Aufgabe 6 h)

A

c = 52 mm

B

C

b = 16 mm

a = 16 mm

A   c = 16 mm   B

Aufgabe 6 j)

Lösung Aufgabe 7: rechtwinkliges Dreieck

Konstruiere aus diesen Angaben ein rechtwinkliges Dreieck (Aufgabenstellung siehe Seite 40).

Konstruktionsanleitung für alle Dreiecke aus Aufgabe 7 a) bis 7 d):

1. C   zeichne Eckpunkt C
2. $\odot$ (C; r = b)   zeichne einen Kreisbogen um Eckpunkt C mit Radius von Seite b
3. verbinde C $\wedge$ $\odot$ → b   verbinde den Eckpunkt C mit dem Kreisbogen, ergibt Seite b
4. aus 2. $\wedge$ 3. → A   aus Schritt 2 und Schritt 3 ergibt sich Eckpunkt A
5. $\angle\gamma$ in C   zeichne den Winkel γ (Gamma) in den Eckpunkt C (90°)
6. $\angle\alpha$ in A   zeichne den Winkel α (Alpha) in den Eckpunkt A
7. aus 5. $\wedge$ 6. → B   aus Schritt 5 und Schritt 6 ergibt sich Eckpunkt B
8. verbinde $\triangle$ABC   verbinde alles zum Dreieck ABC

Konstruktionszeichnung der Aufgabe 7 a) bis 7 d):

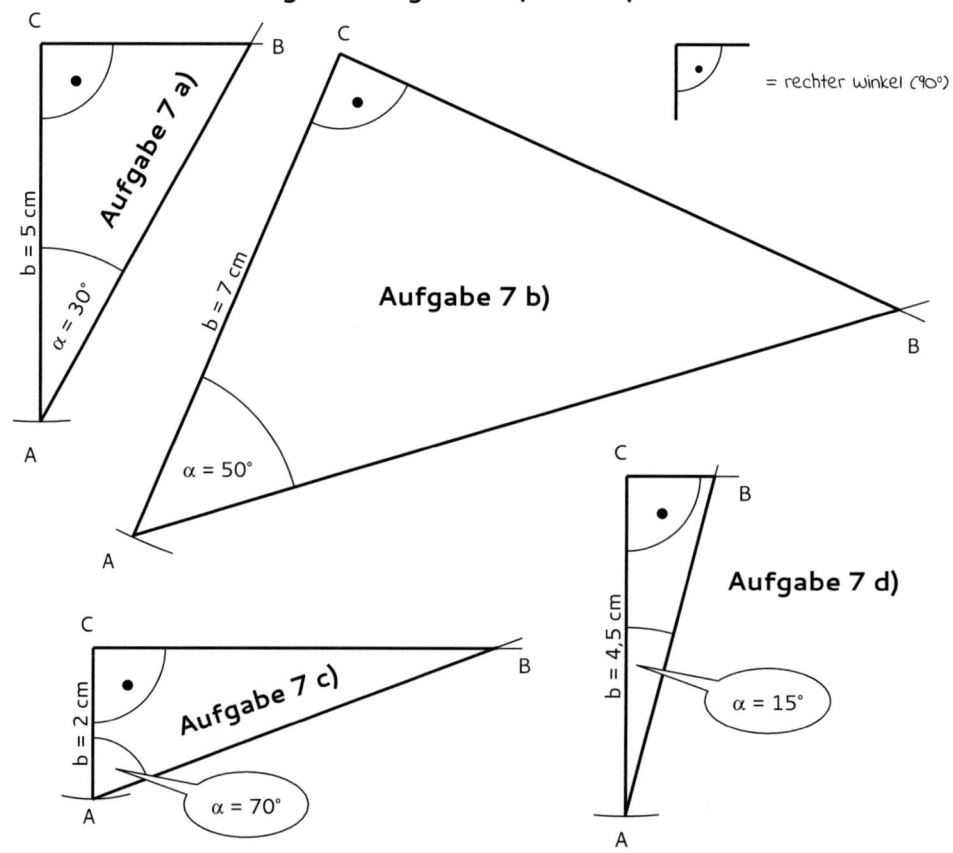

mathetreff-online

Konstruktionsanleitung für alle Dreiecke aus Aufgabe 7 e) bis 7 h):

1. A zeichne Eckpunkt A
2. $\odot$ (A; r = b) zeichne einen Kreisbogen um Eckpunkt A mit Radius von Seite b
3. verbinde A $\wedge$ $\odot$ → b verbinde den Eckpunkt A mit dem Kreisbogen, ergibt Seite b
4. aus 2. $\wedge$ 3. → C aus Schritt 2 und Schritt 3 ergibt sich Eckpunkt C
5. ∡α in A zeichne den Winkel α (Alpha) in den Eckpunkt A (90°)
6. $\odot$ (A; r = c) zeichne einen Kreisbogen um Eckpunkt A mit Radius von Seite c
7. aus 5. $\wedge$ 6. → B aus Schritt 5 und Schritt 6 ergibt sich Eckpunkt B
8. verbinde Δ_{ABC} verbinde alles zum Dreieck ABC

Konstruktionszeichnung der Aufgabe 7 e) bis 7 h):

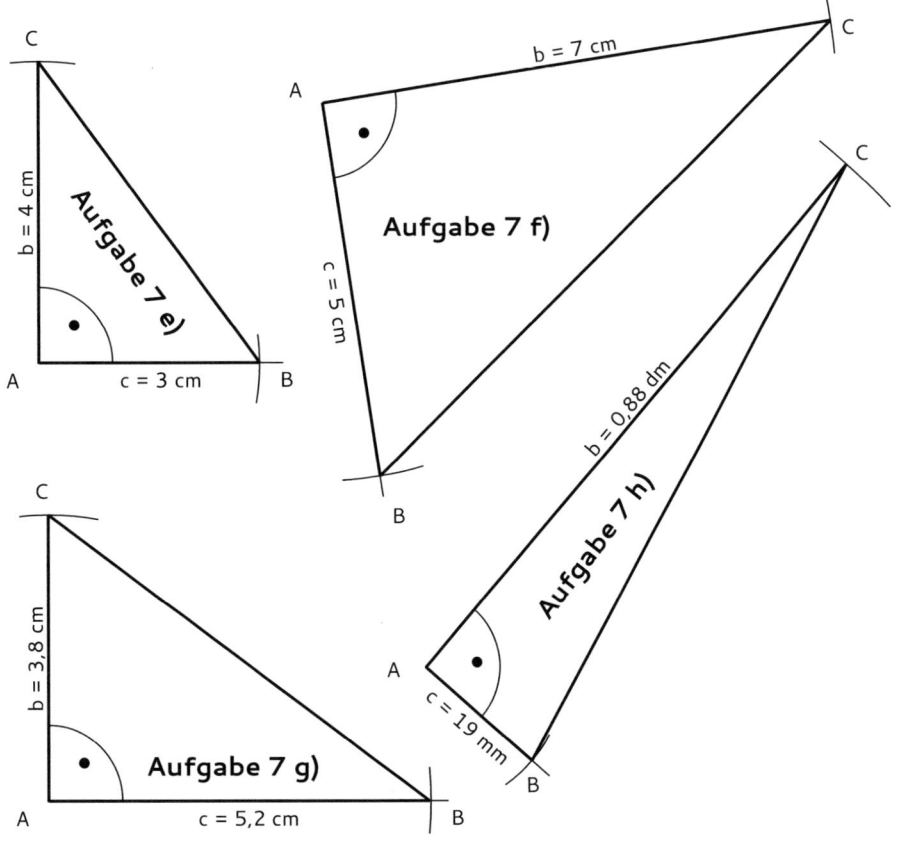

> ❗ Bei den Aufgaben 7 i) bis l) hast du zwar 3 Angaben, mit denen du das Dreieck aber nicht direkt konstruieren kannst. Du musst dir zuerst noch den 3. Winkel Alpha (α) berechnen. Dazu subtrahierst du von der Winkelsumme im Dreieck (beträgt 180°) die beiden Winkel Gamma (γ) und Beta (β).

Konstruktionsanleitung für alle Dreiecke aus Aufgabe 7 i) bis 7 l):

1. A — zeichne Eckpunkt A
2. ⊙ (A; r = c) — zeichne einen Kreisbogen um Eckpunkt A mit Radius von Seite c
3. verbinde A ∧ ⊙ → c — verbinde den Eckpunkt A mit dem Kreisbogen, ergibt Seite c
4. aus 2. ∧ 3. → B — aus Schritt 2 und Schritt 3 ergibt sich Eckpunkt B
5. $\alpha = 180 - \beta - \gamma$ — Berechne Winkel α (Alpha): 180 − β (Beta) − γ (Gamma)
6. ∢α in A — zeichne den Winkel α (Alpha) in den Eckpunkt A
7. ∢β in B — zeichne den Winkel β (Beta) in den Eckpunkt B
8. aus 6. ∧ 7. → C — aus Schritt 6 und Schritt 7 ergibt sich Eckpunkt C
9. verbinde △ABC — verbinde alles zum Dreieck ABC

Konstruktionszeichnung der Aufgabe 7 i) bis 7 l):

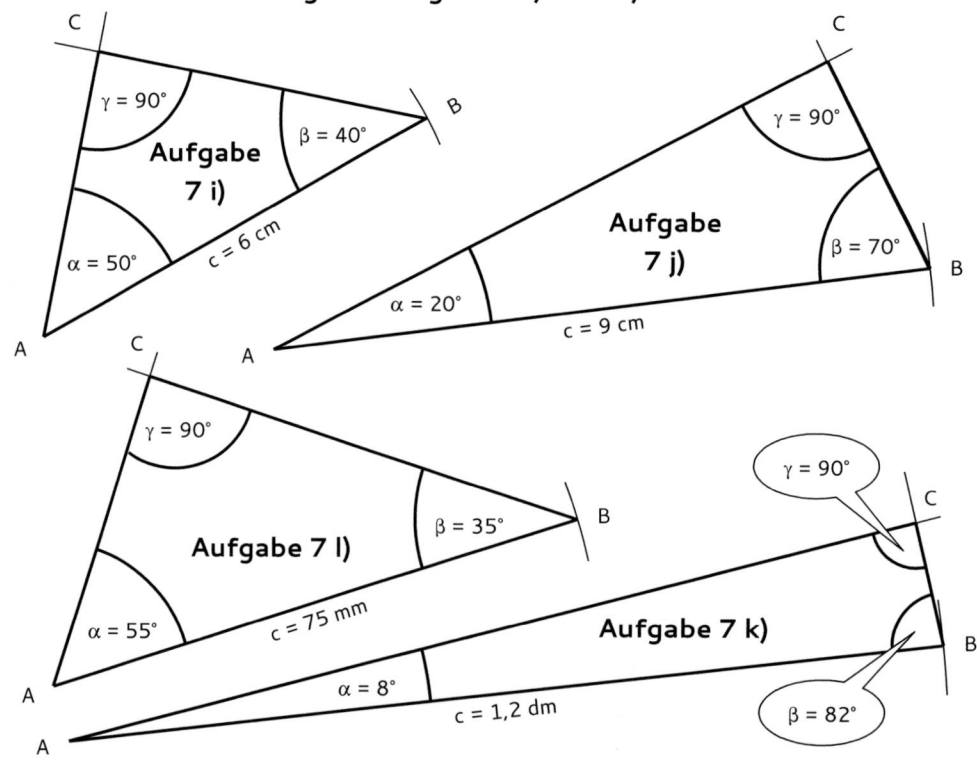

mathetreff-online

Hilfe bei Konstruktionen

Auch der größte Konstrukteur macht am Anfang Fehler. Wenn du beim Konstruieren nicht mehr weiterkommst, weil deine Konstruktion unmöglich erscheint, schaue in der Tabelle nach.

Das ist passiert:	Deswegen ist es passiert:	Abhilfe:
	der Winkel β wurde auf die untere Seite von Seite c konstruiert, die Seite b und Seite a schneiden sich nicht	zeichne den Winkel β auf die obere Seite
	die beiden Kreisbögen wurden zu früh abgesetzt, sie schneiden sich nicht, es gibt (noch) keinen Schnittpunkt für Punkt C	zeichne die beiden Kreisbögen ein Stück länger
	der 2. Schenkel des Winkels α (Seite b) wurde zu kurz gezeichnet, es gibt (noch) keinen Schnittpunkt für Punkt C	zeichne den Schenkel (Seite b) ein Stück länger
	der Kreisbogen wurde zu kurz gezeichnet, es gibt (noch) keinen Schnittpunkt für Punkt C	zeichne den Kreisbogen ein Stück länger
	der Startpunkt A wurde zu weit links gesetzt, der Punkt C befindet sich außerhalb der Seite	setzte den Startpunkt weiter nach rechts

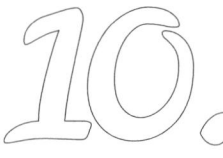 **unmögliche Dreiecke**

Es gibt auch Dreiecke, die sich nicht konstruieren lassen, egal wie gut du bist. Auf den ersten Blick sieht es zwar machbar aus, da du immer 3 Angaben hast. Wenn du diese Dreiecke konstruierst, wirst du feststellen, dass da etwas nicht stimmt...

So sieht es aus:	Darum ist es nicht möglich:
Aufgabe: Seite a = 4 cm; Seite b = 3 cm; Seite c = 8 cm 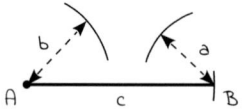	Die beiden Kreisbögen (Seite a und Seite b) schneiden sich nicht. Dadurch lässt sich der Punkt C nicht konstruieren.
Aufgabe: Seite b = 5 cm; Seite c = 8 cm; Winkel β = 70° 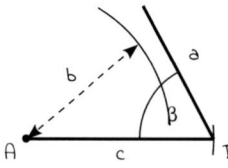	Der Kreisbogen der Seite b schneidet den Winkel β (Beta) nicht. Dadurch lässt sich der Punkt C nicht konstruieren.
Aufgabe: Seite c = 5 cm; Winkel α = 50°; Winkel β = 130° 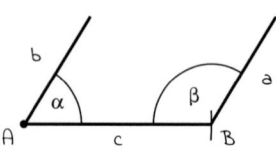	Die Winkelsumme von Winkel α (Alpha) und Winkel β (Beta) beträgt genau 180°. Dadurch lässt sich der Punkt C nicht konstruieren, da die Seite a und die Seite b parallel zueinander verlaufen (sie schneiden sich nie).
Aufgabe: Seite c = 5 cm; Winkel α = 70°; Winkel β = 140° 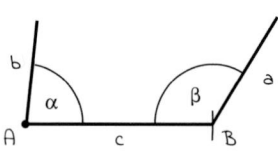	Die Winkelsumme von Winkel α (Alpha) und Winkel β (Beta) beträgt schon mehr als 180°. Dadurch lässt sich der Punkt C nicht konstruieren, da die Seite a und die Seite b voneinander weg zeigen (sie schneiden sich nie).

mathetreff-online

Stichwortverzeichnis

12. über die website

Unter dem Motto „leichter Mathe lernen in der Community!" bietet das kostenlose Webportal **mathetreff-online.de** dir bei deinem Besuch viele Infos rund um das Thema Mathematik an.

Die Inhalte sind hauptsächlich für Grund-, Haupt- und Realschüler optimiert, eine Erweiterung unserer Inhalte für andere Schularten halten wir aber nicht für ausgeschlossen.

Die Website ist in folgende Bereiche unterteilt:

- In unserem **Mathelexikon** sind bis jetzt über die Jahre über 1.000 Einträge zusammengekommen. Damit angefangen, eine „normale" Formelsammlung für die eigene Realschulabschlussprüfung mit entsprechenden Beispielen bereitzustellen, finden sich heute Einträge von A wie Achsensymmetrie bis hin zu Z wie Zentner.
- Im Bereich **Matheaufgaben** findest du Aufgaben zum Ausdrucken und selbst lösen (natürlich sind entsprechende Lösungen mit beigefügt). Außerdem sind viele interaktive Übungen verfügbar, die du direkt am Computer „durcharbeiten" kannst.

  Für Lehrer besonders interessant ist, dass viele interaktive Inhalte über einen speziellen Vollbildmodus verfügen, sodass sich die Inhalte leicht über einen Beamer für die Unterrichtsgestaltung einsetzen lassen.
- In der Rubrik **Spaß mit Mathe** findest du Bastelanleitungen für mathematische Körper, Matherätsel, Quiz, Mathewitze und online abrufbare Spiele wie zum Beispiel die „ABC-Jagd".
- Im Bereich **Community** findest du verschiedene Diskussionsforen, in denen du dich mit anderen austauschen kannst.

Grundsätzlich lässt sich die Website ohne Registrierung nutzen. Damit du selbst jedoch Forenbeiträge oder Kommentare schreiben kannst, ist eine kostenlose Registrierung erforderlich.

Wir freuen uns auf deinen Besuch unter **http://www.mathetreff-online.de**!

QR-Code scannen und hinsurfen